Contents

特別附錄

懷舊的兒童圖案 & 花の圖案集

特集
1
花の刺繡

為喜愛的花加點裝飾吧！

為庭院增添色彩惹人憐愛的花朵，在散步途中發現的小花草……
春天的花，只需要一朵就可以使心情變得更加柔和，
把如此楚楚動人的花裝飾在布作上吧！

○攝影　蜂巢文香　森谷則秋（P.6至P.7作法圖解）○文字・編輯　梶 謠子

小花針插

在花籃裡的鬱金香，
茶杯裡的小雛菊，
以及藍星花上添加的裝飾繡，
運用優雅的粉色系，
讓內心充滿少女情懷。

原寸圖案 [A]

製作＝田村里香（tam-ram）
以精巧的小女孩＆嬰兒手作物品為創作主題，擁有一間如同小閣樓的工作室，同時也開設刺繡和編織課的教室。
http://www.tam-ram.com/

餐巾套環以繩環套住釦子，
以復刻印花布強調邊緣。

薰衣草&洋甘菊の
保溫套・餐巾套環

薰衣草和洋甘菊，
以基本裝飾繡表現為初夏的
庭院增添色彩的代表花草。
如果兩件作品能夠一起完成，
就可以開心地喝下午茶了！

原寸圖案 [A]

製作＝大角羊子（hisuji*co）
育兒之餘，也愉快的製作各式各樣的手作，
將庭院的花草素描下來，靈巧地運用各種
刺繡製作布小物為其拿手絕活。
http://sewingbox.petit.cc/

（右）運用彩色繡線加
上變化，表現出更具
真實感的薰衣草花穗。
（左）洋甘菊的花瓣是
運用雙重雛菊繡的裝飾
繡呈現。

罌粟花&紫陽花の 馬卡龍零錢包吊飾

在大家喜愛的馬卡龍零錢包吊飾表面，
裝飾上罌粟花或紫陽花的刺繡圖案吧！
如果使用段染線，
更能展現自由自在的微妙契合感，
加上蝸牛或是蝴蝶的小昆蟲圖案，
會更加受到注目喔！

原寸圖案 [A]

製作＝番場香奈子（Shizu kana basho）
製作刺繡、縫紉、布盒等，廣泛地利用布品設計作品並且樂在其中，不定期開放自己的網路商店。
http://sizuka.her.jp/

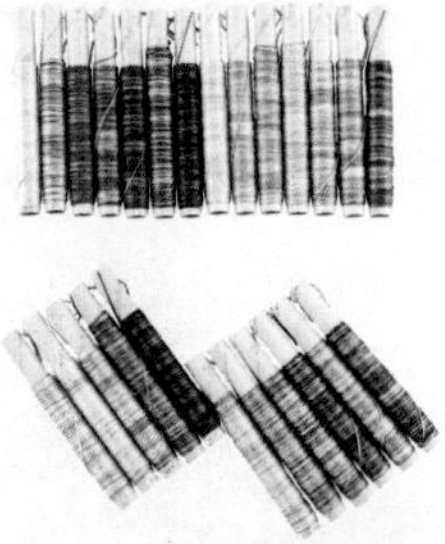

100%絹質的斑染刺繡線。由絹線染色專家以手工作業染製而成的Soieet，其特徵是具有高雅的光澤及獨特風格，全25色。
線材提供＝（株）FUJIX

秋牡丹& 洋甘菊&罌粟花の 小盒子

可以收納小飾品
或維他命的便利小盒子，
繡上自己喜歡的花，
展現專屬個人的獨創風格，
以緞面繡繡花瓣和葉子時，
要小心翼翼地一針一針繡好。

原寸圖案 [A]

製作＝川畑杏奈（annas）
帶有故事感的小小圖案設計，在本雜誌中也相當受到歡迎。著有《annas第一次的刺繡小物》（美術出版社）
http://sky.geocities.jp/annas_ocha/

白花苜蓿＆蒲公英の
杯墊＆隔熱鍋墊

以鍋子的形狀作出可愛的隔熱墊，
口袋部分繡上白花苜蓿及小羊的連續圖樣，
在不織布的杯墊繡上蒲公英和白花苜蓿。

作法 P.100
原寸圖案 [A]

1 以雛菊繡表現白花苜蓿。**2** 以雛菊繡與直線繡繡出蒲公英。**3** 適合繡在絨毛上的雙重十字繡。**4** 幸運草的葉子以長短針繡順著葉脈延展，使作品更為生動。

製作＝ Sugihara Harumi（moco*moco）
在手作雜誌發表作品之外，也從事品牌的材料包設計。以刺繡、羊毛氈、皮革小物等製作為主。
http://moco-moco.petit.cc/

運用兩種技法繡出玫瑰花！

準備材料＆工具

布
25號繡線適量
35mm寬的刺繡用緞帶
各色適量
緞帶繡用針（準備兩種繡針，鈍頭針用於一般布上，圓頭針用於針織布上）

材料・工具提供／（株）木馬、Clover（株）

緞帶繡圓盒

給人華麗印象的緞帶繡，
最適合製作玫瑰花，
使用段染緞帶縫製，
使其具有蓬鬆感為其重點。

原寸圖案 [A]

如果改變緞帶顏色或寬度、捲繞的次數，就會有不一樣的效果。

網狀玫瑰繡

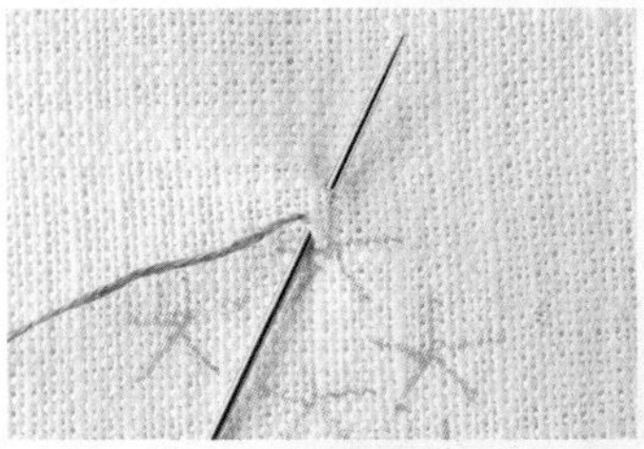

1 取3股25號繡線，末端打結，在兩條記號線靠近中心處縫一小針回針，出針時從記號的外側刺出。

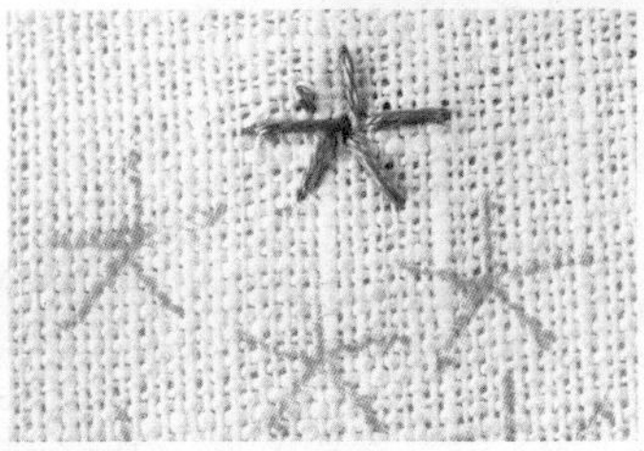

2 由外向中心進行直線繡5條成為放射狀，在背面纏繞主線後打結收線。

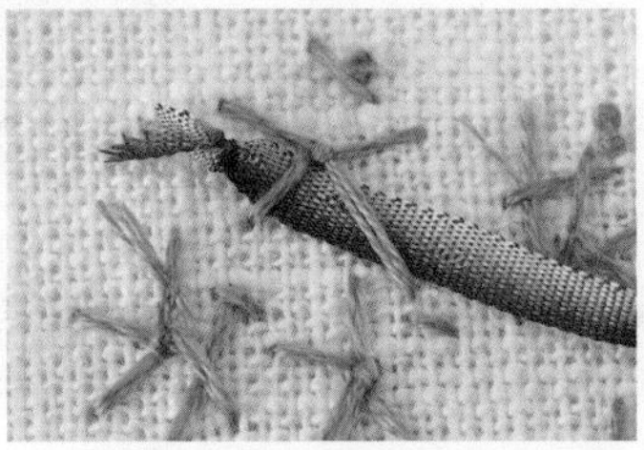

3 將緞帶末端打結，鑽過在②已經繡好的架構背面的繡線，準備圓頭針。

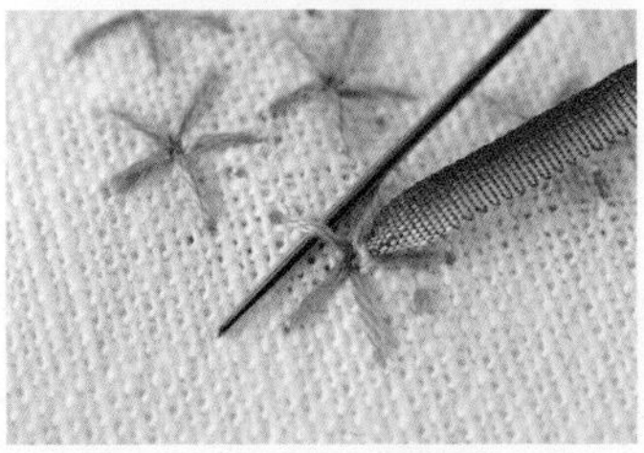

4 針從基架的中心點刺出，拉出緞帶後，每間隔一條繡線由線的下方穿過繡線。

5 繞過一半以上的記號線之後，一邊整形，一邊轉撚緞帶，繼續纏繞作出不同的效果。

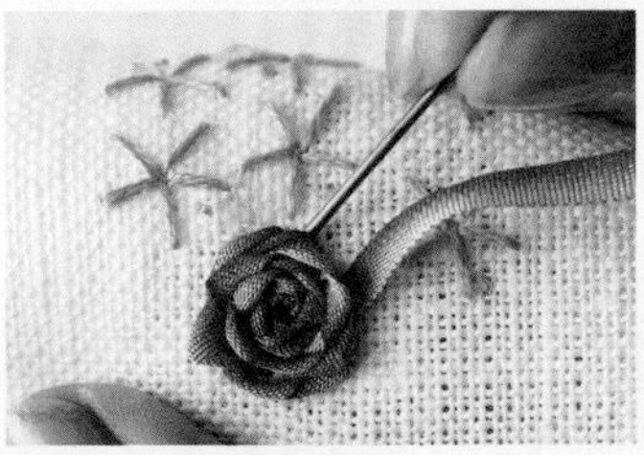

6 直到看不見繡線為止，在緞帶底下看不見的位置刺入，於背面打結即完成。

幸子玫瑰繡

1 由布的背面刺入針，拉出緞帶，從緞帶拉出處開始，在緞帶的中間位置縫約2cm。

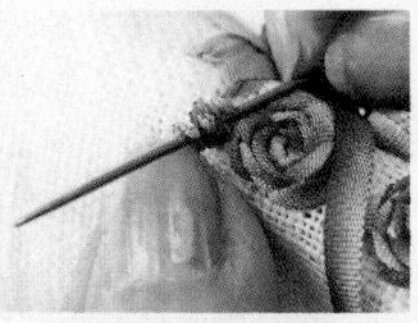

2 把1縫好的緞帶縮在一起，一邊以左手拇指壓著一邊把針抽出來。

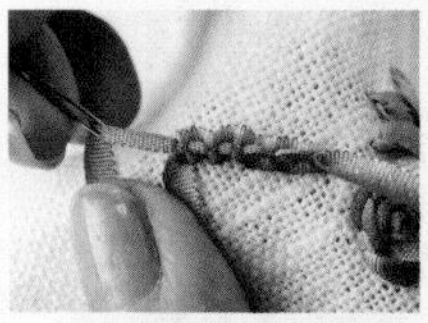

3 針拔出後，緞帶如圖從緞帶的中間通過。

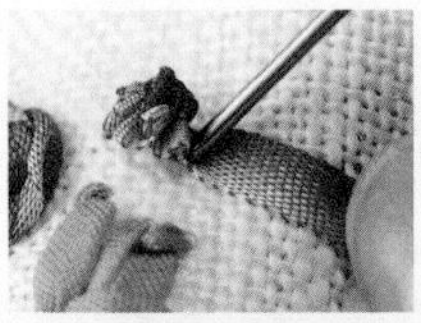

4 拉緊緞帶後整形，針再從緞帶起頭的位置刺入，於背面打結。

{ One point Lesson }

製作＝Ogura Yukiko
身為手藝設計師，在針織領域裡相當活躍，擁有《Ogura Yukiko緞帶繡》（日本ヴォーグ社）等許多著作。
http://www.galerie-y.com/

串珠 & 十字繡框

在討人喜歡的玫瑰花拱門上搭配串珠，
便可呈現出立體感，
以串珠與繡線的組合，
可以描繪出微妙的契合感。

原寸圖案 P.106

準備材料&工具
十字繡用布（Aida／14格）16mm短管珠・25號繡線各色適量 繡珠縫針（可以通過珠子的圓頭針）

材料・工具提供／DMC（株）、（株）MIYUKI、Clover（株）

繡珠 & 十字繡

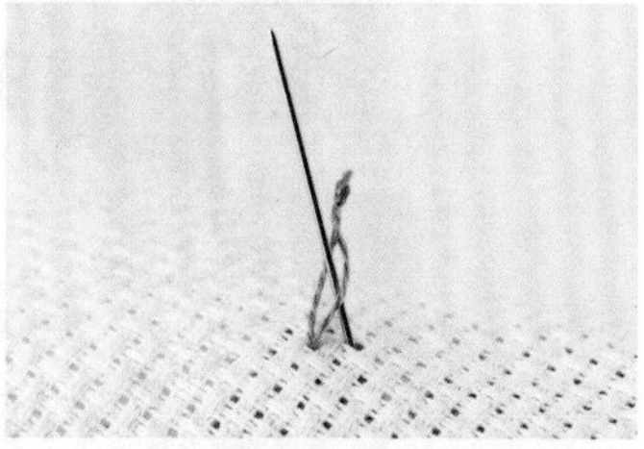

1 開始刺繡時，以2股線在末端打結，在裡側用刺繡針鑽過打結繡線。

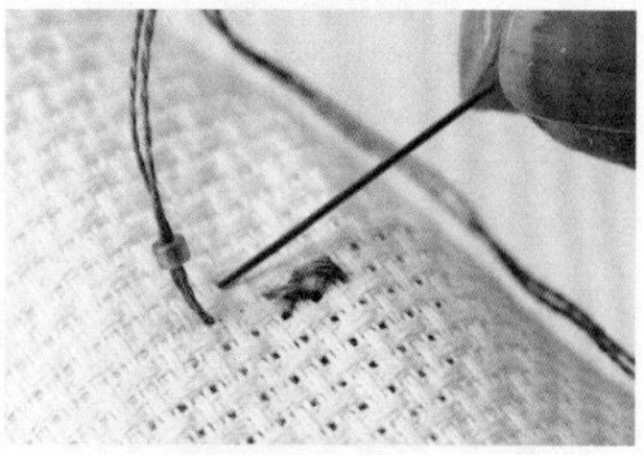

2 先繡兩針十字繡，接著以相同繡線，進行半邊十字繡縫固定繡珠。

3 兩針十字繡與兩針加了繡珠的半邊十字繡，完成如圖。

4 以相同作法，利用十字繡及加了繡珠的半邊十字繡繡出葉子和莖。

5 花的部分請換上粉紅色的繡線。將繡珠的顏色隨著各處替換之後，會有更豐富的表現。

特集
1
花の刺繡

刺繡迷最愛の手提包&小包

鬱金香、罌粟花、玫瑰花……以花朵刺繡為重點的手提包與小包。
活用自由刺繡與十字繡，搭配不同的刺繡技巧進行創作，
你也可以帶著華麗裝飾花紋的包包，快樂出門！

○攝影 三浦 明 ○文字・編輯 玉置加奈

口金手提包&小錢包

把素色布想像成印花布，
以刺繡繡出色彩豐富的小花朵，
彷彿是張開雙手享受春天的小女孩，
最愛的口金零錢包＆手提包。

作法P.101
原寸圖案 [A]

製作＝石井寬子
在雜誌上發表具故事性的刺繡作品，著有《第一次的刺繡Lesson》、《快樂的刺繡Lesson》（Nathume社）。
http://cahier.main.jp/

以花草元素為主題の圓形手提包

蒲公英、白頂飛蓬、 野紅蘿蔔花……
如同繪畫一般，在手提包繡出整面圖案，
悄悄地綻放美麗的花草們，
變換繡線粗細，以各式各樣的刺繡技法，
表現田野間花草的樸實氛圍。

原寸圖案 [A]

製作＝岡理惠子

自2008年起開始以「點和線模樣製作所」為據點，著手布料設計及刺繡小物。以生活中所見的風景作為題材，運用於室內擺飾及享受手作樂趣的材料設計作品，也在網路上販賣布料。
http://www.tentosen.info/

鬱金香小包

以長短針繡仔細繡出花瓣表情，
運用填空輪廓繡繡出葉子的立體感，
條紋的十字繡圖案襯托出花朵的美麗。

原寸圖案 P.108

製作＝土田真由美

刺繡教室「Mayumi Tsuchida Embroidery & Needlework」負責人。小時候跟從事洋裁工作的媽媽學習，小學、中學則跟著老師學習刺繡、洋裁、手藝基礎。2009年居住在紐約時期成立刺繡教室，2011年回國。從2012年開始在東京開設教室。http://ameblo.jp/mayuny/

罌粟花
肩背包

以紅色十字繡
繡出溫柔的罌粟花。
加上蕾絲手帕，
再縫上以麻繩編織的底部，
即可完成實用的造型包。

原寸圖案 P.108

製作＝ Kako Masumi（petit panier）

在天然素材裡加上刺繡或是蕾絲，以手提包為主，也製作布小物及裝飾品。以仔細製作每一個作品為方針，除了寄賣及參展之外、也活躍於網路商店。
HP「petit panier」
http://homepage3.nifty.com/petit-panier/

阿拉伯POSLIT C & S ／ kröne-hus

花邊錢包

在亞麻布上繡出可愛的花邊圖案，
使用皮革製作袋蓋，
營造些許奢華的氛圍。
附有可放入多張卡片的口袋，
是極具機能性的錢包。

原寸圖案 P.106

製作＝ Muguet ＊

以「Muguet*」為作家名，以寄賣及參展為主要活動。姊妹一起製作十字繡或鏤空抽紗繡搭配布小物設計，目標是製作出讓人可以感覺到手工溫暖的作品。
http://muguet2.blog.fc2.com/

製作＝ Fukuda Toshiko
除了著手於郵購雜誌的材料包設計之外，也在手藝雜誌上發表作品。充滿少女情懷的懷舊風格在本誌中頗受好評。
http://www.geocities.jp/pintactac/

玫瑰皮革包&車票夾

以打孔皮革的洞，
再以十字繡繡上玫瑰花圖案的時尚皮包，
剪裁簡單，不修邊也沒問題的皮革，
搭配車票夾，一起隨身帶著走吧！

作法 P.102
原寸圖案 [A]

打孔皮革是每隔4至5mm會有一個小孔的仿皮料。在裁剪之後不修邊也很牢固，十分實用。只要在打孔的地方將針線穿過去，就可以自然的將針目對得很整齊，完成漂亮的作品，也很適合用於製作十字繡的小物。
素材提供／清原(株)

岩田由美子流

捲線繡の漂亮技巧大公開！

掌握一點點的訣竅，你也可以繡出漂亮的捲線繡喔！一邊繡玫瑰花，一邊學刺繡！

〇攝影　森谷則秋

製作＝岩田由美子（花音舍）
於英國皇家刺繡學校學習，現在大多發表以自然為元素的原創作品。在鎌倉的手藝店Suwani、VOGUE學園、橫濱BE等教室擔任講師。
http://hanaotosya.com/

捲線繡
基本繡法

先繡繡看最基本的捲線繡吧！
正式繡在作品前，請多練習，多繡幾次，
抓住刺繡的寬度和繞線次數的平均值最重要。

訣竅 1

「這不是打結！」請謹記在心！

經常製作洋裁的手作人，往往會有以打結的方式來繡捲線繡的傾向。因為捲線繡不需要預先拉得很緊，所以請把它當作是特別的技巧，再開始繡吧！

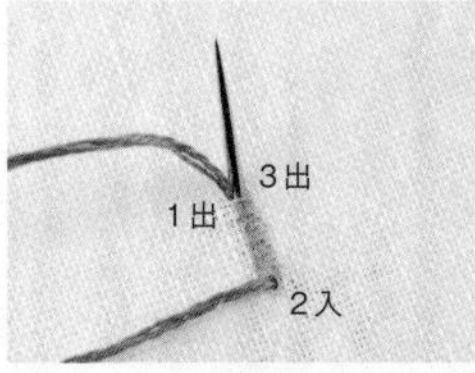

1

從1出針後由2入針，在1的旁邊把針先刺出2cm左右。針不要橫跨2和3之間的布，在裡面把針先拉出來。

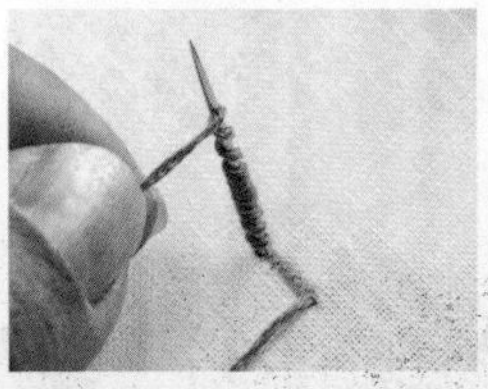

訣竅 2

2 決定捲線的次數 輕輕的捲

把刺出表面的針捲線。不要捲得太緊，輕輕的捲是祕訣，捲線繡就是一邊捲線，一邊輕捻著往反方向把線鬆開。以3股25號繡線的情況而言，1cm的刺繡寬度捲12次為基準（2股線的情況則捲15次）。

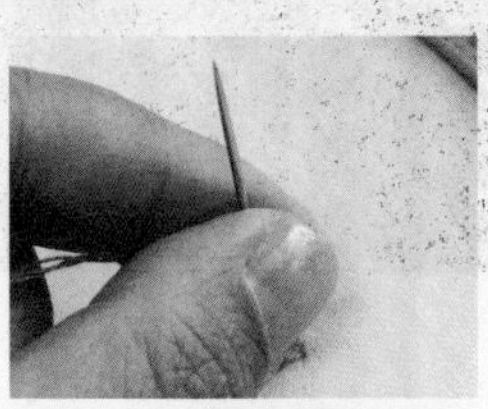

訣竅 3

3 以手指夾住

捲完之後，把針用拇指與食指輕輕夾住，就像在打結的抽線一樣，如果手指和布夾的太緊就會失敗，請務必小心。

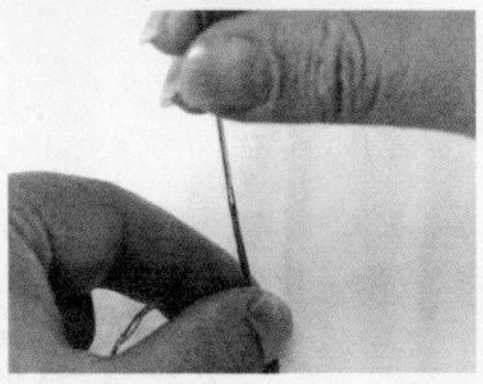

4

針向上方抽出來。

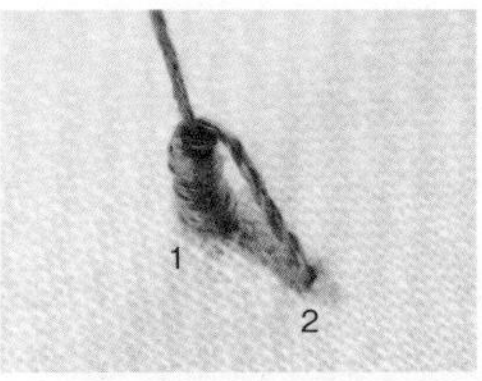

5

針抽到自然停止處後，壓著線的手指就可以放開。

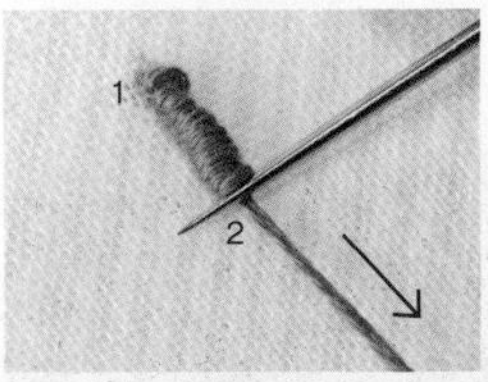

訣竅 4

6 用針來調整形狀

把線倒向2的方向，一邊拉一邊以針將繡線逆向推去壓著繡線調整形狀。

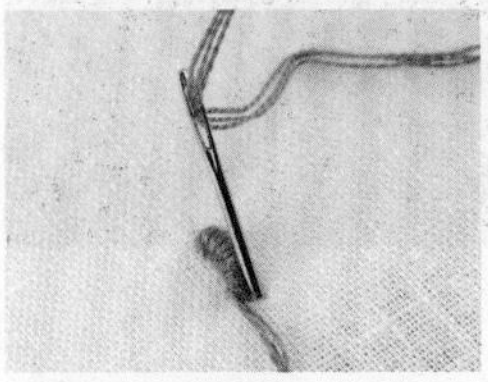

7

在2處把針刺入。

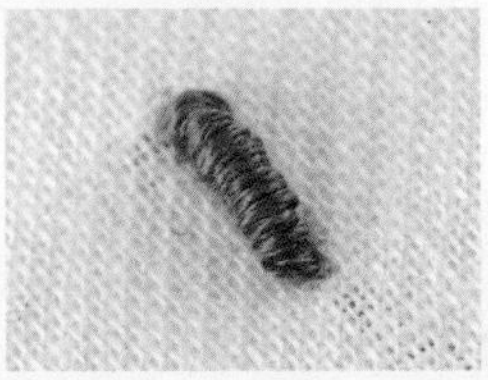

訣竅 5

8 盡量不要弄溼

完成捲線繡。為了防止刺繡的毛纖維不要崩塌，盡量不要用水沾濕，建議使用消失筆描繪圖案線，或只畫重點，筆跡才不會太明顯。

便利工具

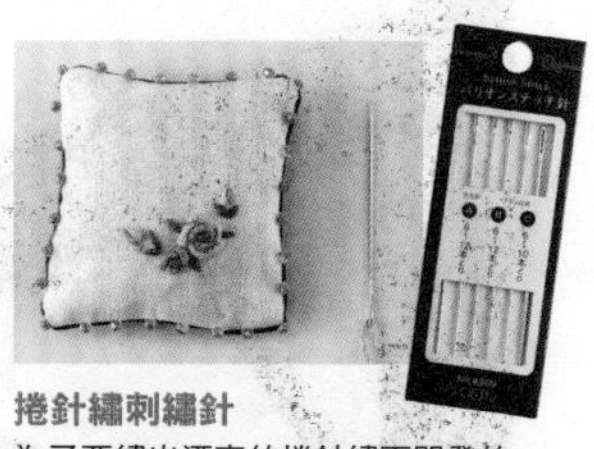

捲針繡刺繡針

為了要繡出漂亮的捲針繡而開發的針，長度夠，針頭不容易被勾到為其特色。針對不同的圖案，也有更長一點的針。
http://www.lecien.co.jp/

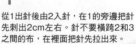

繡框

繡捲線時，兩手可以自由使用的刺繡框相當方便。

捲線玫瑰繡

一起來繡針插的玫瑰圖案吧！

原寸圖案

※全部使用COSMO25號繡線3股
※花瓣→刺繡寬度1cm・捲12次
（花蕊的刺繡寬度2cm・捲12次）
※花苞・葉子
→刺繡寬度0.8cm・捲10次

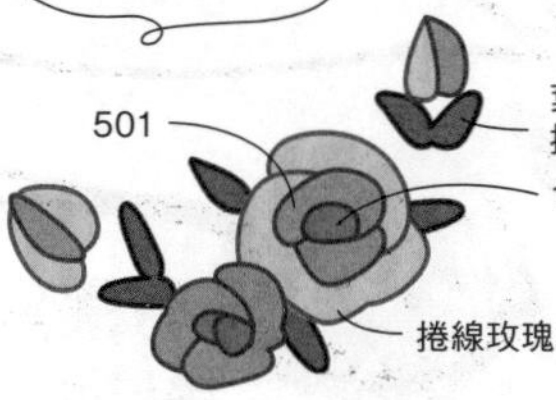

第 3 列

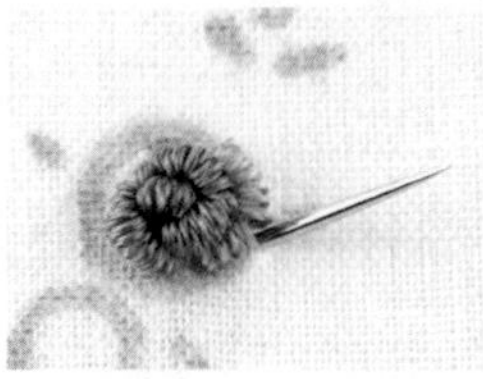

7
維持刺繡寬度1cm，如同前面的刺繡重疊1／3一樣，沿著第二列繼續繡。

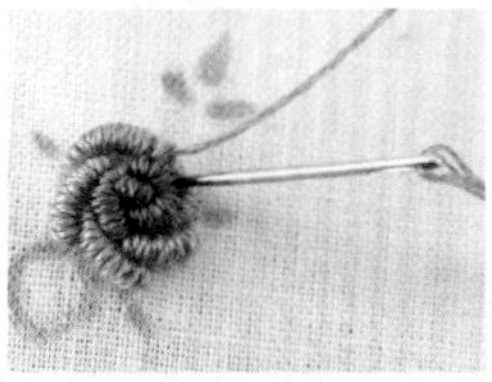

8
繡完的時候和第二列一樣，在第一針的內側將針刺入。

葉子・花苞

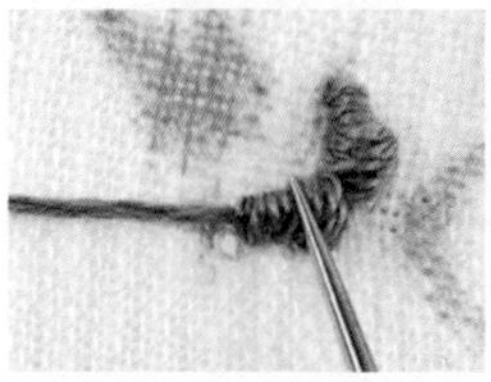

9
一定要從葉子的根部開始繡，繡葉子的繡線要朝著葉子尖端一邊拉一邊調整形狀。在基本繡法步驟6的刺繡過程結束之後，在刺繡寬度一半處以針壓著，並且加重力道拉繡線。

10
從壓按處開始用力拉且收緊，即可完成前端尖狀的捲線繡。

第 2 列

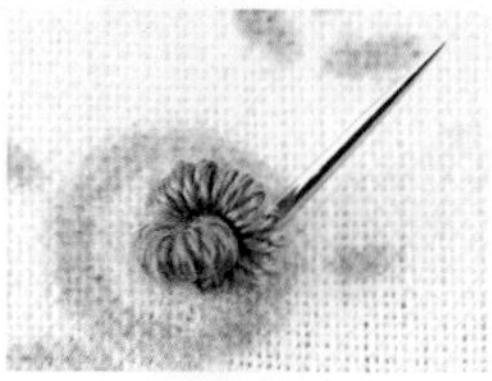

5
像在畫半圓一樣繡完一針之後，再從第一針1／3寬的地方開始繡第二針。

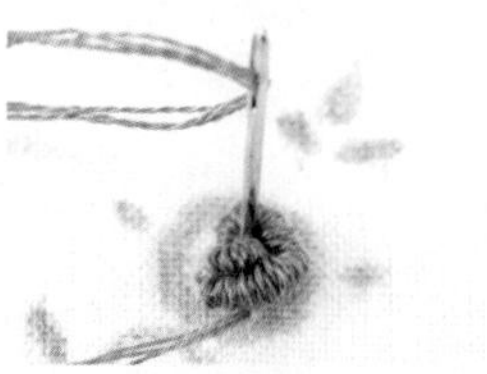

6
第三針也是從一樣的作法開始，在繡完的時候要從第一針的內側刺入。

從下面開始，在內側結束

訣竅 6

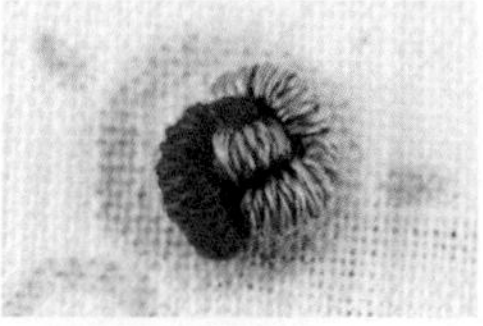

只有第三針要換顏色

開始繡的時候，要從前一個刺繡的下面開始往上推，把繡線拉出之後，使刺繡立起，表現出花瓣的層次感。另外，第三針的刺繡繡完後放回第一針的內側，內側就會捲起成為美麗的玫瑰花。

花心是以捲線結粒繡完成。

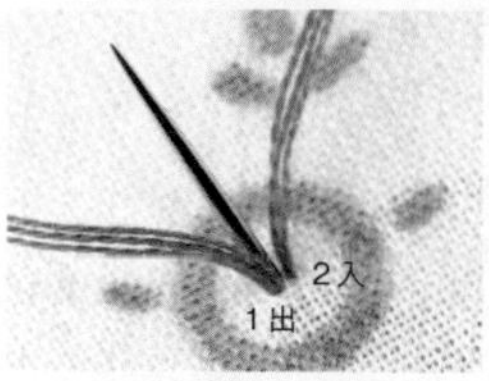

1
為了讓刺繡的寬度變小，針從1出出2入，再從1的旁邊抽出。

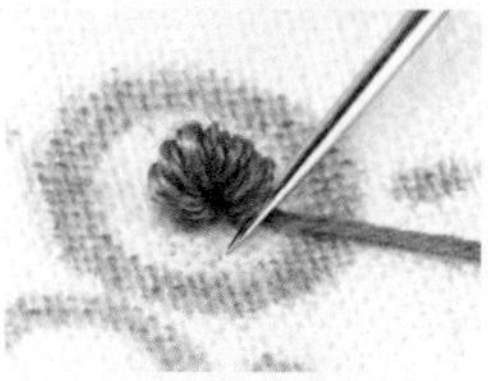

2
與基本的捲線繡一樣捲線拉線，整理成為站立的圓弧造型。

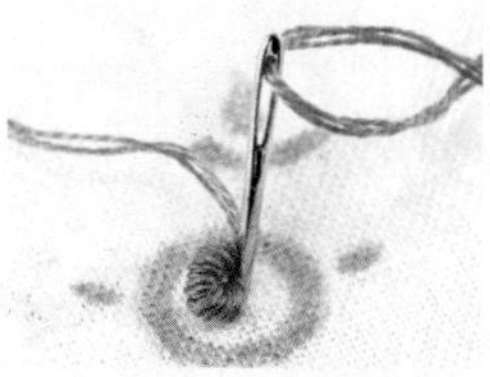

3
在2的旁邊把針刺入即完成。

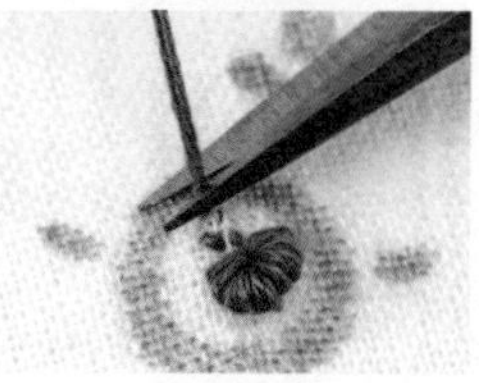

4
繡完之後再穿出2至3次剪線。

完成

捲線繡の種類

除了代表玫瑰花的繡法之外，捲線繡還有各式各樣不同的表現種類。因為基本的刺繡方法是一樣的，所以可以挑戰其他的圖案喔！

原寸圖案 [A]

向外側增加捲線次數的捲線繡。小鳥的翅膀是以捲線雛菊繡完成。

玫瑰花的莖是以長捲線繡完成，再運用釘線繡的要領固定。

經常失敗の解決方法

注意！　如果是因為捲線的次數不夠，而沒有辦法捲得很漂亮，這個方法是沒有用的！要小心謹慎的拆掉後重新再繡一次。

捲得不夠漂亮

原因
在基本繡法4的過程中，如果在把繡線拉到盡頭之前就先放開手指，刺繡就會變形。

這樣就解決了！

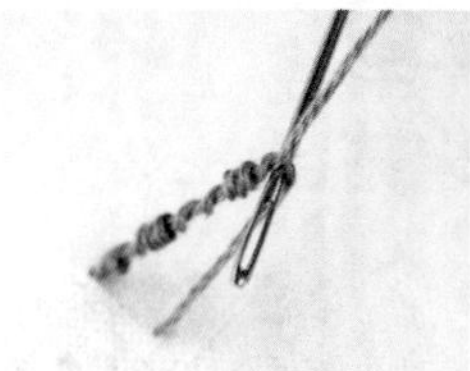

準備另外一支沒有穿繡線的針，將繡線向上拉，再將針頭如圖位置插入。

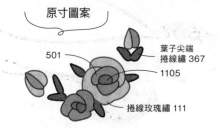

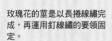

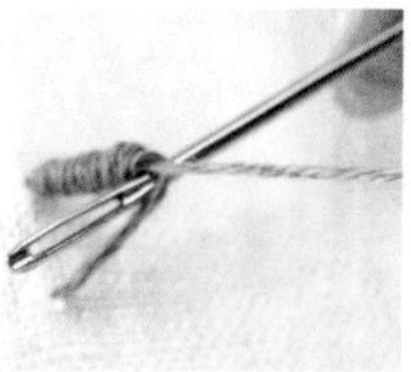

將捲線的部分一邊壓牢一邊調整形狀，就可以回到基本繡法步驟6的過程。

以緞面繡描繪 勿忘草&紫羅蘭

製作＝土田真由美
http://ameblo.jp/mayuny
上圖是把古匈牙利刺繡重新調整成現代風格，作成勿忘草的針插。下圖則為繡著可愛的紫羅蘭花，把扇貝繡加在金字塔型的針插。這兩件作品都是運用緞面繡完成，請仔細地刺繡。
（參考 kalocsai virágok）

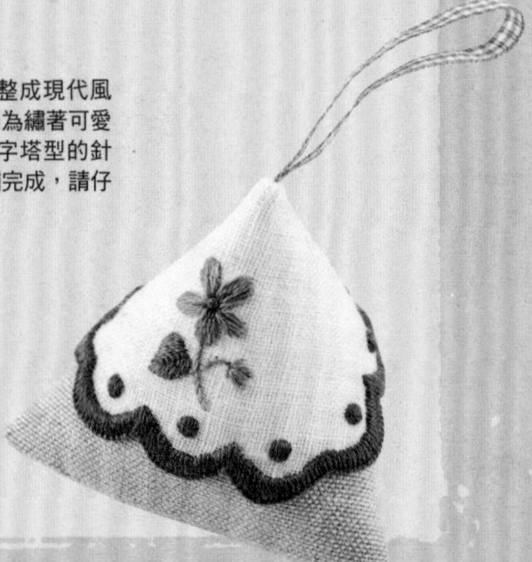

胡桃殼 針插

製作＝ 兒玉奈都子
1mm正方形的小型十字繡為其重點，運用胡桃殼作的針插可以掛在剪刀上使用，是很棒的小物！替換繡線的時候，可以把繡針暫時插在上面，相當便利。
（參考 Repertoire des FRISES）

針插藝廊

製作裁縫或刺繡都少不了它──針插。
以下集合了運用緞面繡、十字繡、鏤空繡等技巧完成，
具有魅力的針插。

○攝影　森谷則秋

以十字繡 展現花容

製作＝千代子
http://ninton03.blog110.fc2.com
給人桃紅色、黃色、紫色花朵的鮮明印象，這是為了說「我想作作看這個十字繡」的朋友所設計的小物。四角葉子為作品增添了色彩，賦予作品整體感。

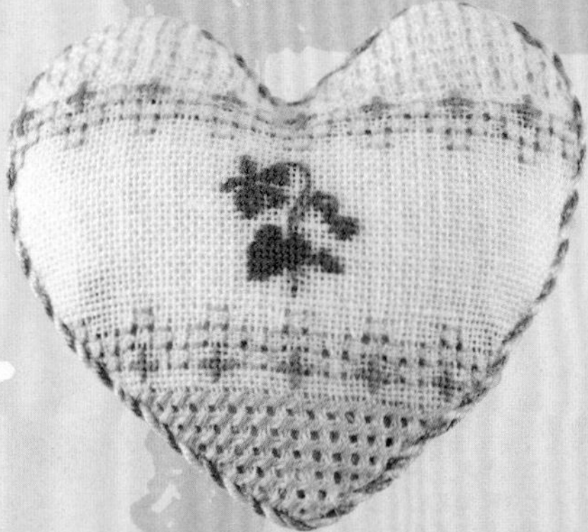

鏤空繡 針插

製作＝Sawamura Eriko
運用鏤空繡，加上小刺繡或是藍繡技巧，即可完成粉彩色系的清爽作品。
愛心型針插裡面為重點圖案刺繡，
長方型針插則加上了流蘇，表現時尚感。

以39元均一價店
販賣的迷你奶精杯
作個針插吧！

製作 = IO

http://iomonologo.blog117.fc2.com/
想要使用盡量不花到錢的材料作可愛小物，就用具有安定感的陶瓷迷你奶精杯來製作吧！在小面積的主體上裝飾可愛的刺繡，要在不能使用珠針以及避免皺褶的情況下將它完成，有一點困難度呢！

Schwalm
白刺繡針插

製作 = 谷真佐子

http://pigeonnier.exblog.jp/
如同雪花般美麗的Schwalm白刺繡針插。在光影照射下，呈現出各式各樣不同的效果，四周如同以蕾絲邊裝飾，為北歐傳統裝飾刺繡中的一種技法。
（參考「白線刺繡」）

春季玫瑰花
八角形針插

製作 = 武藤智子

以三色繡線表現綻放著玫瑰花的春天庭院。為了要讓八角形針插的形狀更加明顯，請選擇深紅色繡線接合兩片布，將十六片心形花瓣以充滿律動感的方式配置看看吧！

起司裡の
小老鼠

製作 = Yasuko

從美味可口的三角起司裡，探頭出來偷看的小老鼠。尾巴上的蝴蝶結和網眼繡的起司洞為同一色系，呈現出作品的一致感，像是一直在注視著主人製作針線活兒的可愛搭檔。
（參考 Les chroniques de Frimousse）

歐洲の傳統刺繡

以歐洲為中心盛行的華麗刺繡文化，
在此附上古老承傳下來的各式手法圖解，
將讓人想要挑戰看看的六種具有代表性的技巧一次完整介紹！

○攝影　蜂巢文香　○作法攝影　渡邊華奈（P.20至P.21，P.24至P.25）　森谷則秋（P.22）　山口幸一（P.23）　○文字・編輯 梶 謠子

立體繡

將線塞入，或將串珠或鐵絲作成花蕊，
用以呈現出立體技法的總稱。此技法的歷史十分悠久，
可以追溯到十七世紀，雖然還有很多的刺繡與技法，
但這裡只介紹運用到鐵絲，
使花瓣呈現出立體感的鐵絲繡。

準備材料＆工具

基底布　園藝用30號白色鐵絲
25號繡線各色適量（3股）
手縫線（固定鐵絲用）
十字繡用針（圓頭針）

1 將12cm長的鐵絲照著紙型摺出來，然後把基底布三片重疊在一起以釘線繡暫時固定。

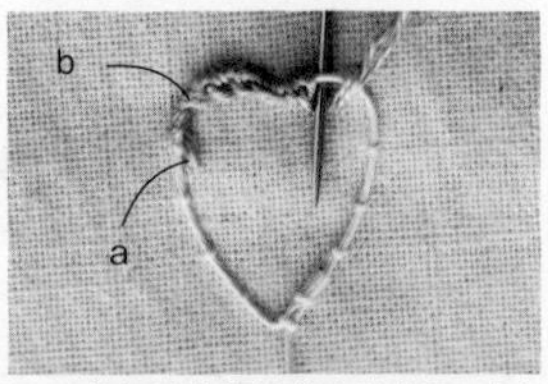

2 將打結的繡線從布的背面a處出來，在b處把繡線對著鐵絲捲兩次釦眼繡。

3 在c處把繡線對著鐵絲捲兩次，將繡線繞到左邊，然後把a的繡線一邊捲入一邊將鐵絲捲兩次。

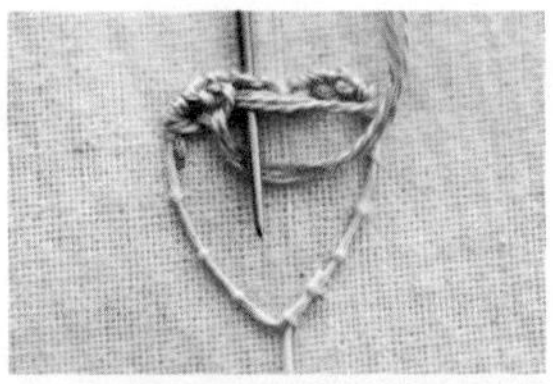

4 把繡線繞到前段循環的部分一邊挑繡線，一邊由左到右繡上釦眼繡。

5 以同樣的方法將繡線從右繞到左，把繡線對左邊的鐵絲捲繞之後，將針於d處刺入並在背面打結。

6 更換繡線的顏色，從比d稍微下面一點的地方把繡線拉出來，以相同作法進行釦眼繡把花瓣填滿。

7 從基底布把花瓣拆下來，為了隱藏鐵絲，在根部的細縫以繡線再繞一圈。

粉櫻玫瑰胸花

以鐵絲繡表現明顯的外層花瓣，
柔和的粉紅色胸花
最適合春天的裝扮，
只運用釦眼繡就可以完成，
作法非常簡單！

作法・紙型P.103

製作＝Wakimichiyo（ice-cream headache）
專門製作手工背包或飾品、泰迪熊，
作品可於寄賣商店或是網路商店搜尋購得。
http://www004.upp.so-net.ne.jp/i-c-headache/

※為使說明更加容易了解，繡線或圖案與實際製作可能會有所不同，敬請諒解。

匈牙利の克洛橋繡

以色彩豐富的民族服飾聞名的匈牙利，各地方都存有獨特的刺繡，最廣為人知，其中又以色彩鮮明的花刺繡——克洛橋繡，在日本也有相當深厚的淵源，以前雖然皆為全白色，但是據說現在已逐漸轉變成使用多樣色彩製作了！

花朵造型迷你裝飾墊

克洛橋繡（Kalocsa）以獨特蓬鬆感的緞面繡，呈現花朵元素。
將四周以扇貝繡繡完後，再以貼布縫固定在背包等布作小物上作為裝飾。

原寸圖案 [B]

準備材料＆工具

布 DMC珍珠棉線8號　粗繡線各色適量 法國刺繡針（尖頭針，針的粗細請配合使用的繡線調整）

1 以輪廓繡把莖先繡好，接著在花蒂的部分以與花芯相同的平針繡完成。

2 在花芯繡上緞面繡時，請鬆鬆的繡上去，葉子也以相同繡法完成。

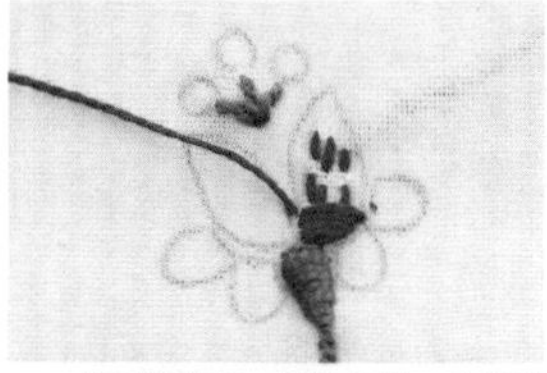

3 換繡線顏色，繡大朵花，全部的花瓣葉片都要繡完芯後再進行緞面繡。

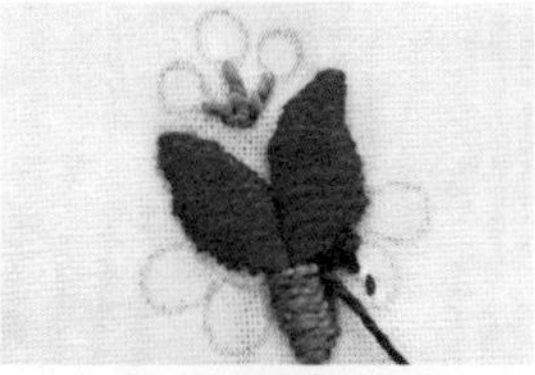

4 繡小花瓣。改變緞面繡的方向，完成的效果會更加漂亮。

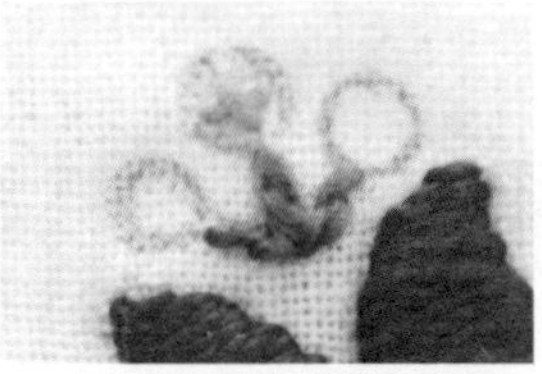

5 為了使中央的花蕊蓬鬆，先在底稿的花芯圈圈內側繡上X。

6 從中央向外側分為兩瓣繡上緞面繡，使形狀更加漂亮。

7 從開始繡到結束都不打結，線頭留8cm，藏入裡面的縫合線。

製作＝町田京子
育兒之餘，也愉快的從事刺繡及手工皂的工作，以優美的照片將生活點滴放於網頁與大家分享。
http://hibinote.web.fc2.com/

緞面繡の
英文字母刺繡

自古以來，歐洲人有著在衣服或生活用品上，
以刺繡表示名字的英文字母的風俗習慣。
在優雅的裝飾刺繡中，其中特別引人注目的，
就是將圖案多繡幾次後，呈現出蓬鬆感，
加繡內芯的緞面繡。

準備材料＆工具

亞麻布適量　埃及棉繡線25號（ECRU）適量　法國刺繡針（尖頭針）

1 將圖案描繪在布上，在各個區塊裡，沿著記號線以相同的間隔距離進行平針繡。

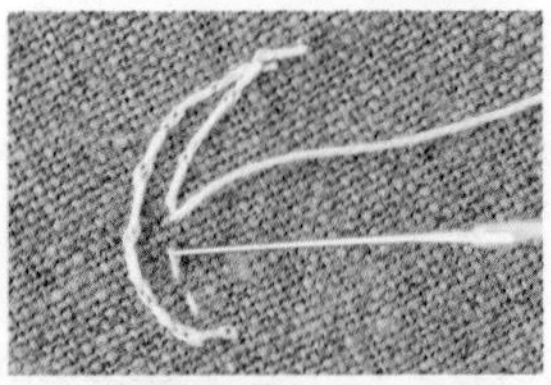

2 把步驟1的間隔填滿，將繡線一邊分開一邊把圖案周圍以平針繡繡一圈。

3 一邊留意描繪圖案時的順序，一邊將圖案前端繡上相同的平針繡。

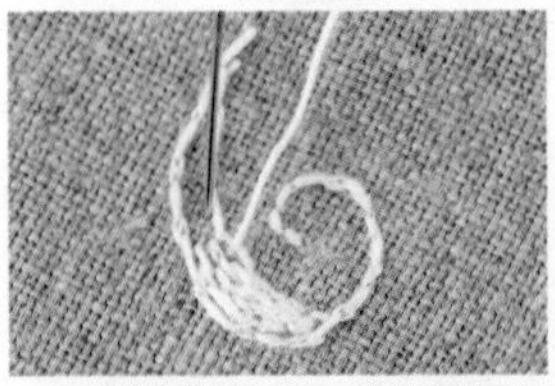

4 線的內側也相同，將線分開同時反覆進行平針繡，請注意不要凹凸不平，保持平滑地刺繡為其訣竅。

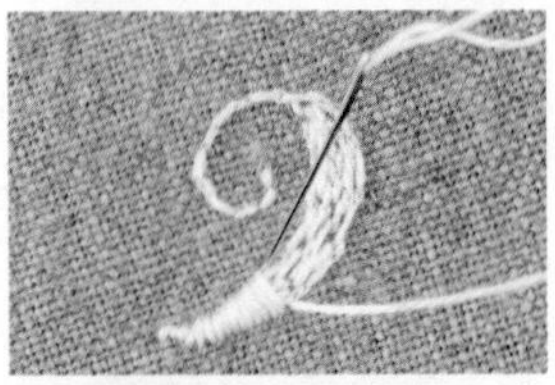

5 從步驟4上方進行緞面繡。一邊把繡線從右繞到左，一邊將針目仔細刺繡整齊。

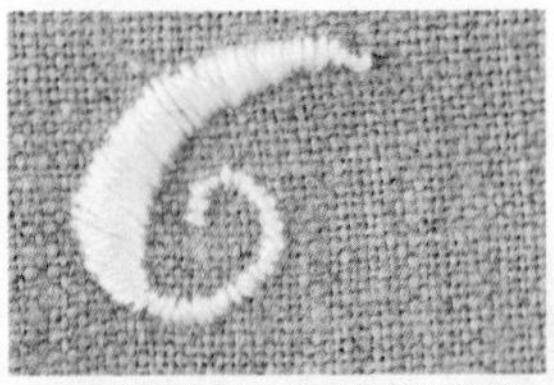

6 R的左上部完成，其他的部分也是以相同繡法完成。

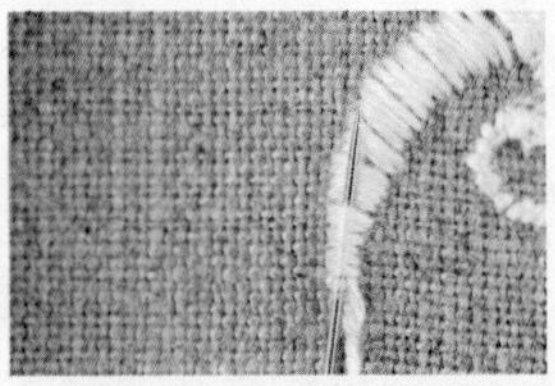

7 繡完之後，翻到裡面將針鑽過繡線後收線。

製作＝田中佳子（fait a la main - ecru-）
以白線刺繡或鏤空抽紗繡……纖細及精緻的手工藝為其拿手絕活。每月會有幾次於自家開設刺繡咖啡講座。
http://www.k5.dion.ne.jp/~ecru/

布書衣

在布書衣上刺繡屬於自己專有的記號吧！
給人優雅印象的英文字母適合成熟的女性使用，
加上銅片或蕾絲，更能呈現出高雅的感覺。

原寸圖案 [B]

剪刀掛飾

將手掌大小的
迷你針插作成剪刀掛飾，
只要運用基本技巧就可以完成，
特別推薦給製作鏤空繡的初學者。

原寸圖案P.107

製作＝Nakadamieko（l'Atelier de foyu）
2001年起以foyu一名開始從事刺繡工作，在高級的亞麻布上繡十字繡，以細心簡單的風格備受矚目，活躍於出版。
http://foyu38.com/

以柔軟彈性撚法製成的光澤繡線，最適合用來製作鏤空繡的白線刺繡。（Anchor 珍珠棉）8號（10g），12號（5g）。

鏤空繡

自遙遠的十六世紀起，
由母親傳授給女兒，以世代相傳的方式傳承，
在挪威的哈爾達格魯地區誕生的一種白線刺繡。
將織線抽成格子形狀，再把線纏繞起來，
作出如同蕾絲般的優雅模樣為其特色。

準備材料＆工具

經線與緯線都用粗細一樣的線紡織而成的平織亞麻布（28格）
8號‧12號繡線　車線 珠針（圓頭針）

線材提供／Anchor（金龜線業）

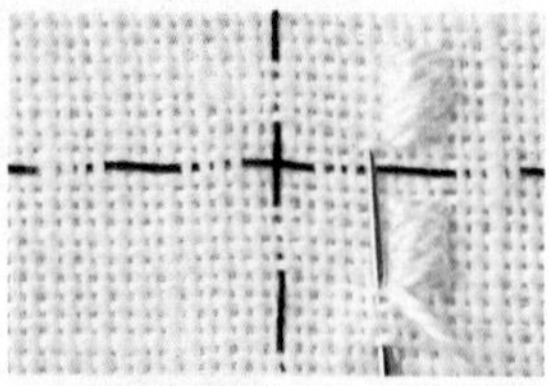

1 如圖將紡織線四條、四條分別挑起作記號，以8號繡線在表面使用繡線平行纏繞般地進行緞面繡。

2 所有的區塊都繡完後，將緞面繡的邊界剪開，再把紡織線剪掉。

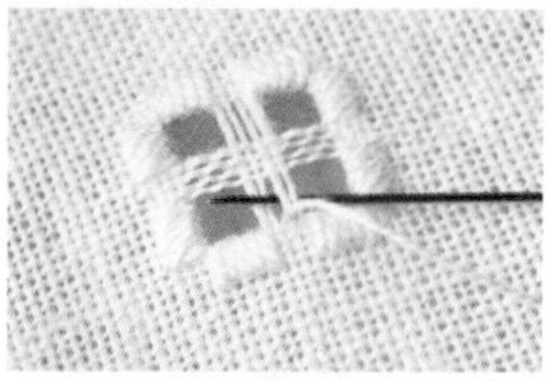

3 換上12號繡線，在紡織線的中央把針抽出來，繼續挑右側的兩條織線。

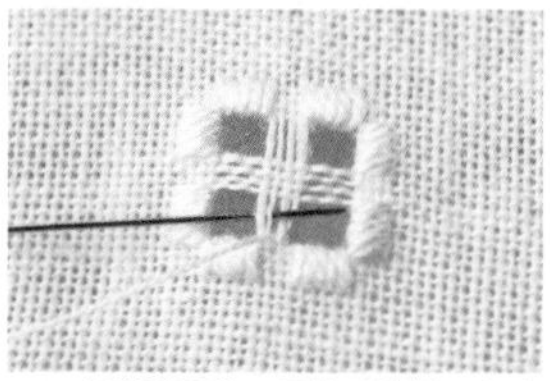

4 把織線兩條、兩條分清楚，左右互相交換挑織線，纏繞織線直到看不見為止。（補強）

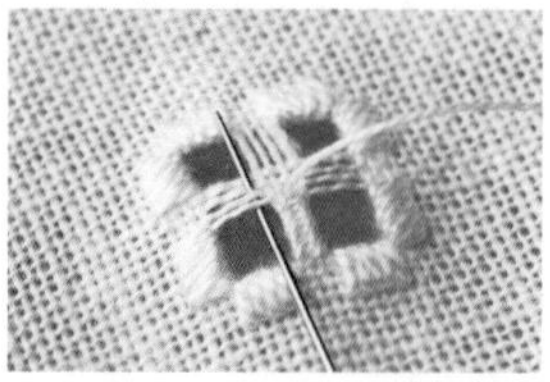

5 繡到中心點之後，移向左邊區塊，這次由中心向外進行。

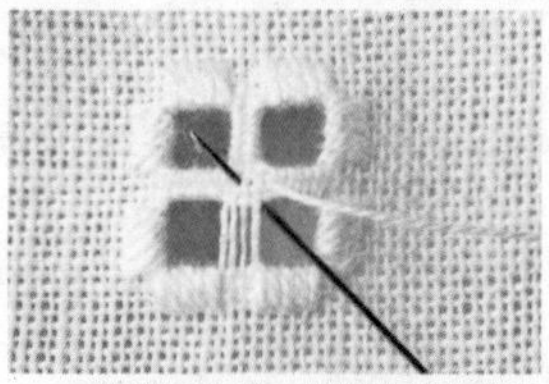

6 依相同作法，以順時針方向將其他三處補強後，由中心點出針。

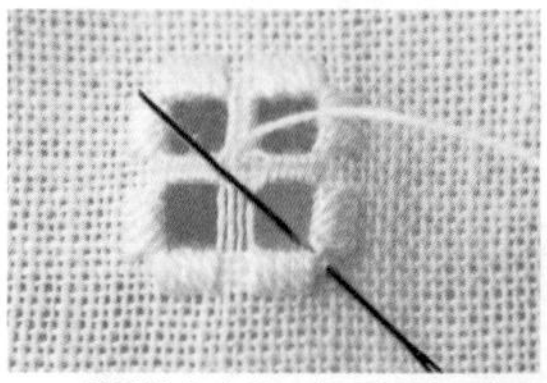

7 將線拉出來後，把已經繡好緞面繡區塊的一角挑線。（織線挑兩條）

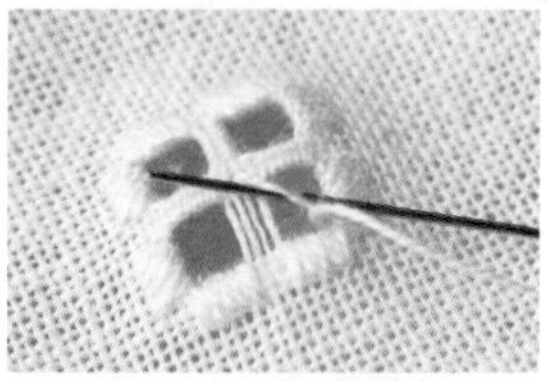

8 如圖7，過線之後針掛著線。

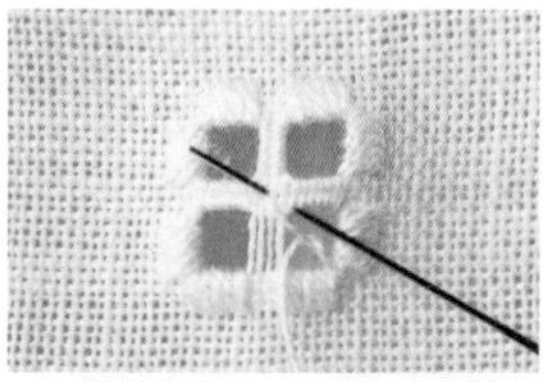

9 將繡線拉出，再從中心把針刺出。

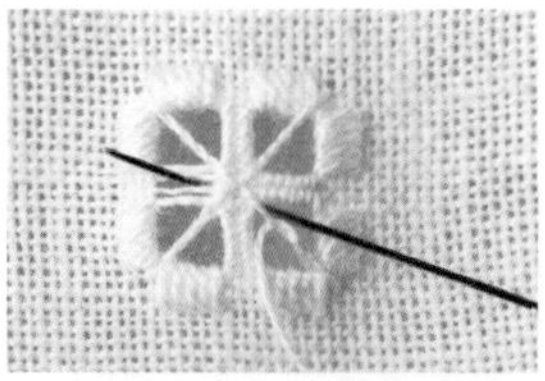

10 依相同作法，以順時鐘方向將全部的直角過線，剩下的織線把繡線補強即完成。

收納飾品の法式布盒

以高雅的顏色組合
製作而成的法式布盒，
在盒蓋上搭配金線
繡出尖頭鞋圖案，呈現出華麗的氛圍，
側面的絨布蝴蝶結
使作品更加優雅&成熟。

原寸圖案 [B]

製作＝岩田由美子（花音舍）
英國皇家刺繡學校認證課程結業。「花音舍」工作室負責人。這個作品所使用的材料有一部分可以在網頁上購買。
http://hanaotosya.com/

金線繡

為了歐洲教會或王室，
貴族製作的英國傳統刺繡之一。
以金色或銀色的金屬絲線，繡在依需要長度剪下的
金屬配件上，即可呈現出立體感，
是一種可呈現出高格調及奢華氛圍的刺繡技法。

準備材料&工具

絹布或容易穿過針的光滑面布
（選用黑色系能與刺繡相映成趣的顏色為佳）
小線圈鍊 方格串鍊等金屬配件
60號車線 法國刺繡針7號

1 在布上作好記號，把小線圈鍊（螺旋管的鐵絲）稍微拉開一點。

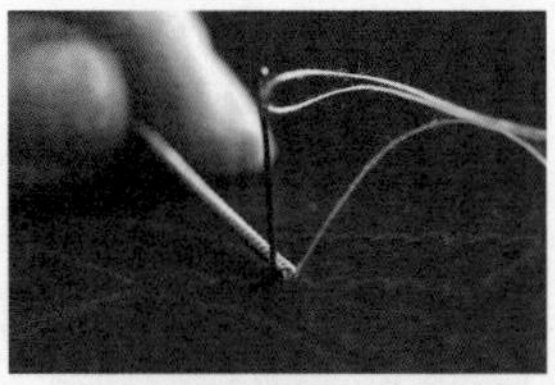

2 將小線圈鍊沿著記號，用雙線的車線將螺旋圈頭勾住，並縫合固定。

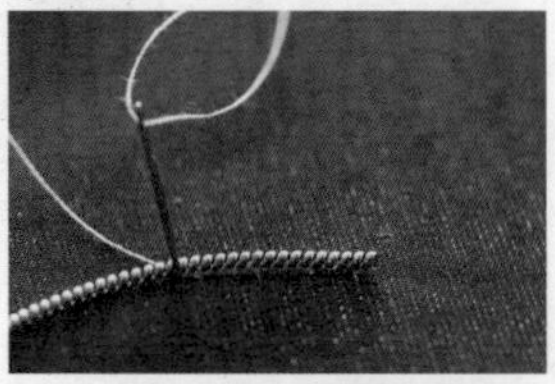

3 一邊把小線圈鍊稍微地一點一點的拉長，一邊在記號上以釘線繡固定。

4 以比較銳利的剪刀，把小方格串鍊剪成1mm，因為容易到處飛散，請多加注意。

5 步驟4剪好的小方格串鍊先用針穿過後，一顆一顆縫合固定。

6 一邊注意不要讓小方格串鍊形成同一個方向，一邊緊密地繡牢固定。

7 完成鞋跟的部分。小方格串鍊的方向以不規則的方式繡固定，會有散亂的視覺效果，進而增加華麗感。

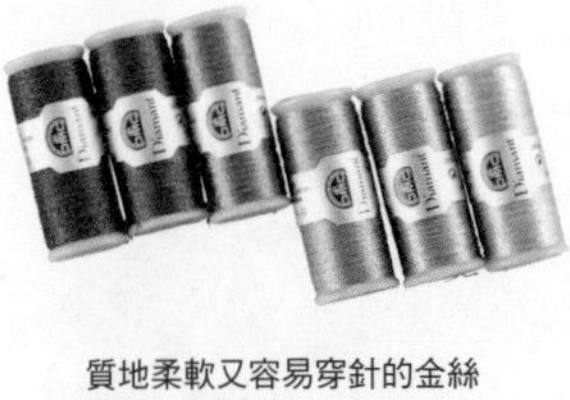

質地柔軟又容易穿針的金絲繡線，在各式各樣的刺繡工藝裡都能使用。
「DMC Diamant」全6色
線材提供／DMC（株）

鏤空抽紗繡

將經線或緯線的部分剪取後，把剩下來的線作成織繡，
形成如同蕾絲一般呈現鏤空模樣的手法，
可用於製作成手帕或桌巾，
據說此法是從四世紀後半時期傳至歐洲，
而後在歐美各國逐漸發展。

單手把提包

單邊織縫、雙邊織縫、
挑線織縫……
將鏤空抽線繡的基本刺繡
作為袋物的特色，
小巧的提包最適合
短暫外出時使用。

作法P.103

製作＝森田佳子（petit bouquet）
把「自然簡單，但是又有一點可愛」當作座右銘，努力製作布小物、編織品。
http://members2.jcom.home.ne.jp/petitbouquet1/

準備材料＆工具

亞麻布（布目排列整齊。32格）
25號繡線適量（2股）法國刺繡針8號

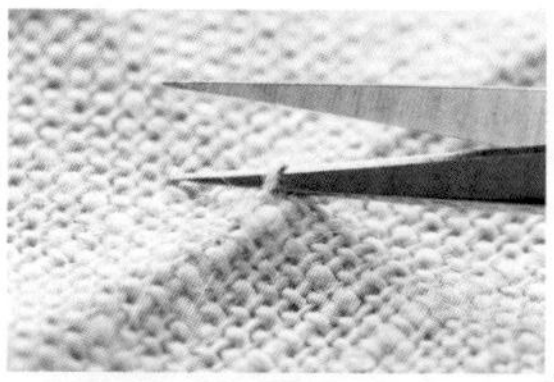

1 把布摺四褶找出中心點，將緯線剪斷，剪出17條。

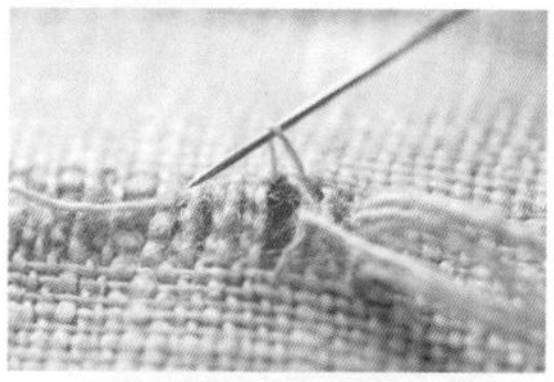

2 不要讓織線在中途斷掉，利用針頭以2至3目為基準，慢慢的把織線抽掉。

3 把布翻到背面，收拾線頭。在一條條織線上穿過針，而經線則是挑2至3針後穿線過去。

4 在步驟3收拾線頭的部分進行平針繡，再進行釦眼繡。

5 兩端都繡完釦眼繡之後，以針頭將織線挑3條，直接把線拉出來。

6 在步驟5挑起的織線從右把針刺入後，從下面第2條把針刺出（單邊織縫），反覆此作法。

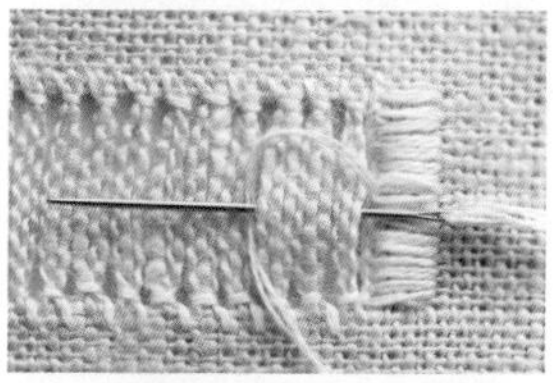

7 把步驟4背面挑3至4條線穿出，在織線中央繡釦眼繡，挑3束織線後掛線。

8 向右側拉一次，將繡線拉緊後，繼續織縫（打結繡）。

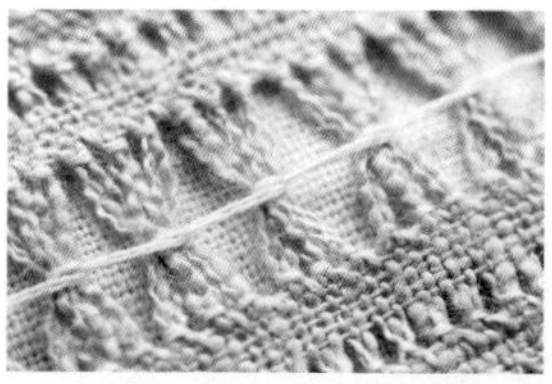

9 完成中央的打結繡。將緯線抽掉時，請確認經線為3的倍數。

神尾茉莉小姐の刺繡遊戲

就像繪畫般愉快の刺繡

正在草原上玩耍，像是從繪本裡飛出來的色彩豐富的動物們……以刺繡表現的創意場景，歡迎來到神尾茉莉小姐的夢想世界！

把想像的世界運用繡線和針來表現吧！

運用布和繡線，神尾茉莉小姐創造了一個不可思議又有魅力的世界。代表的作品為動物胸針，以不被框架限制住的自由手法，施以刺繡豐富的色彩。

她的理念是「想像力」，如果作品能夠刺激欣賞者的想像空間，在體驗課中透過「手作的快樂」也同樣可以傳達學員的想像。

「我並不是教授製作方法，而是協助學員將突發的靈感，作成具體的形狀。」

在讓心情雀躍又可學會各種技法的體驗課裡，使學員以原創的造型，呈現出個人的想像世界。

不需畫出圖稿，以繪畫的感覺來製作的刺繡，是世界上唯一的寶物。

○攝影　渡邊華奈

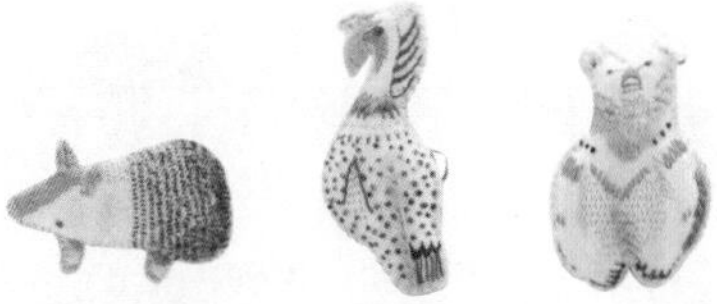

刺繡＋愉快の刺繡體驗課

神尾小姐的體驗課，讓學員感受到「製作的樂趣」、「每個人都能作喔！」，集結了許多這樣的想法，讓所有與刺繡結合的可能性，存在於各種有趣組合的樂趣裡。

4

刺繡＋獎狀

4 因為頒獎項目都不一樣，大家完成的作品也有各式各樣的造型。5 對致力於「健康睡眠」的人就用鮮豔的色彩來提振精神吧！6 沖繩出身的學員作品是表揚對Bibachi（石垣島的特產香料）的推廣活動，龐克造型的兔子讓人印象深刻。

刺繡＋相同的甜點

2

學員作品

1

3

1 儘管是依照相同的樣本製作，完成的作品卻是因人而異，請注意配色或圖案！2 在鑰匙圈完成的同時，和作品一樣造型的餅乾也出爐了！3 就像在布上刺繡一樣，餅乾也是使用喜歡的顏色描繪。

6

5

學員作品

活躍於刺繡&布料設計領域

撮影　相澤心也

神尾茉莉（Kamio Mari）

運用刺繡和布料設計，經手服裝、書籍插畫、CD封面等領域的作家。除了販賣作品之外，定期開設體驗課程，2012年於iTohen畫廊（大阪）舉行個人展覽會。

http://syyskuu.exblog.jp

雜誌體驗課

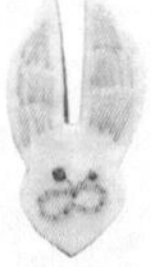

製作兔子胸章

準備材料&工具

不織布三色（粉紅色・黃色・白色）DMC25號繡線四色（907・956・964・996）法國刺繡針

※除了指定以外，一律使用1股繡線

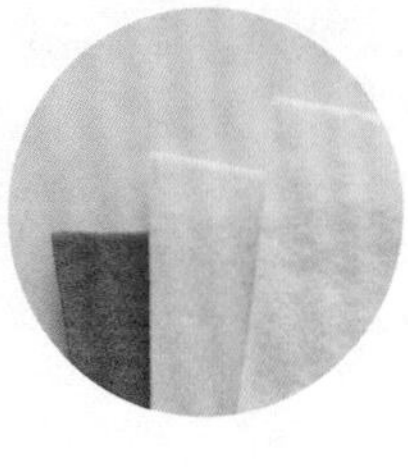

1 將原寸圖案的輪廓作成紙型，再將不織布依紙型大小剪下。

2 以大針繡滿耳朵，讓它看起來像是真毛一樣。

3 眼睛大小就算不對襯也沒關係，嘴巴也是隨意的畫出即可。

4 將眼睛和嘴巴連在一起，以1股線繡上鼻子。

5 把不織布用白膠貼合，剪下，請一層層仔細的貼起來。

原寸圖案

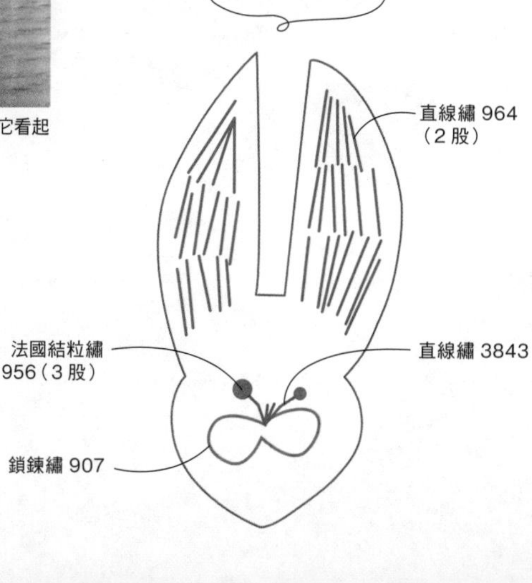

特集
2
北歐風元素

愉快地豐富了生活色彩的北歐風格元素。
從傳統圖案到大家都喜愛的北歐元素、現代風格設計⋯⋯
展現多變的作品。

○攝影　三浦 明　○文字・編輯　玉置加奈

以北歐風元素製作生活小物

製作 = Nitka
網站的名稱「Nitka」是捷克語「線」的意思。由一條線創作出來，喜歡柔和的世界，可愛、溫柔、美麗，每天都與具有各式各樣表現的線一起製作作品。
http://nitka.petit.cc/

小鳥圖案の桌墊

將具有好感的圓潤形狀，可愛表情的小鳥，
與大大小小的花朵作出對稱式的配置，
以黃色為主色調，
運用兩種顏色的藍綠色邊緣，
創造出懷舊的氛圍。

原寸圖案 [A]

芬蘭傳統杯子KUKSA／krone-hus

運用傳統元素呈現流蘇壁飾

拉布蘭地區撒米民族の壁飾

麋鹿、狗、小鳥，
拉布蘭地區的民族服飾或工藝品為圖案的靈感來源，
運用沉穩色調簡潔地將其整合在一起。
深藍色的橫紋邊條，扮演著凝聚整體感的重要角色。

原寸圖案 [A]

「小小手藝 刺繡線」適合用來作為織繡，使用1股就可以將繡線捲在復古風格的捲線板上。
15m 1捲 棉100% 全部10色
線材提供／Clover（株）

製作＝kicca
2004年開始以Kicca一名開始從事製作。除了於網站上販賣刺繡雜貨外，在雜誌界也相當活躍。
「小小手藝 北歐旅行系列」材料包／Clover（株）提供。
http://www.kicca.info/

魅力無窮の達拉木馬

橫紋邊條
壁飾

以瑞典的象徵性元素、
達拉木馬與橫紋邊條
組合而成的壁飾，
利用鮮豔色彩
襯托出紅色的
主題色系。

原寸圖案 [A]

製作＝
FILOSOFI　新美麻玲
以鮮明印象作為設計目標，喜歡十字繡圖案，感受著北歐美麗自然的風景及手作的魅力，每天都會在部落格分享作品。
http://filosofi.jugem.jp/

彩色亞麻布の
面紙套&針插

灰色×白色、薄荷綠×灰色，
具有時尚感的配色，
背上都有瑞典國旗的達拉木馬
為作品設計的重點。

圖案P.106

製作＝FILOSOFI　新美麻玲

Aarikka　天使娃娃／ Scanjap

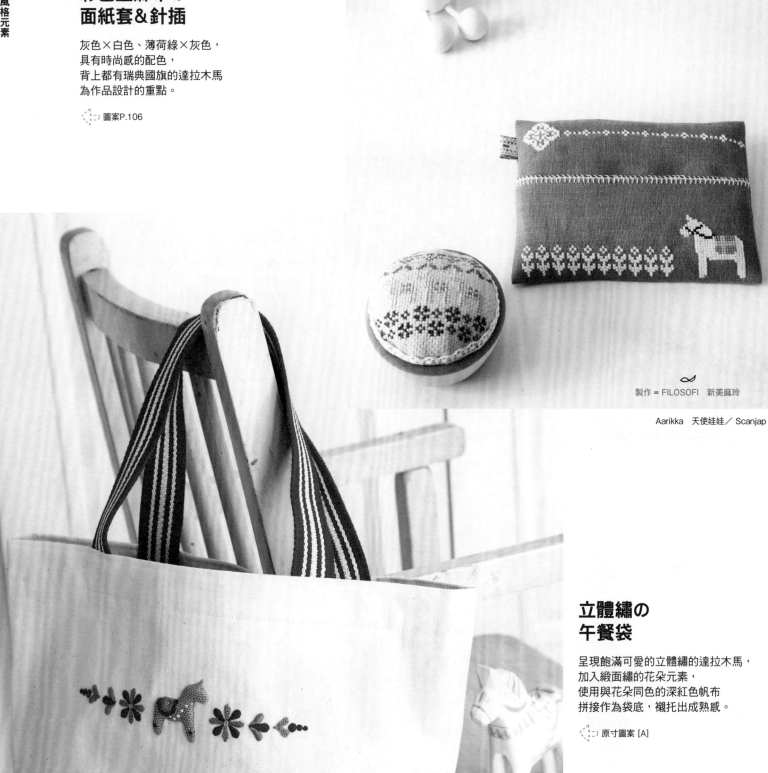

立體繡の
午餐袋

呈現飽滿可愛的立體繡的達拉木馬，
加入緞面繡的花朵元素，
使用與花朵同色的深紅色帆布
拼接作為袋底，襯托出成熟感。

原寸圖案 [A]

製作＝澤田夏繪

以鏤空繡製作作品為主，也運用法國繡或立體繡等各式各樣的刺繡手法，樂在其中。在部落格「有刺繡的生活 * Freesia *」分享作品。
http://freesiablog27.blog10.fc2.com/

雪花
針線盒

將雪花或森林樹木
重新構築成幾何圖形，
加上黃色小鳥為裝飾的重點，
把時常用到的針插與捲尺
也作成一樣的造型吧！

圖案 P.107

製作＝平泉千繪
以可愛又高雅的大人味作品為設計主題，發表十字繡及對布料相當講究的布雜貨，主要以網路商店或寄賣為主。
http://chocobanana.littlestar.jp/shop/

以連續圖案搭配鮮明色彩

挪威の集錦刺繡

麋鹿、維京船、古老建築物並列的街道……
把代表挪威的元素組合起來作成刺繡作品，
以連續圖案呈現整體感。

原寸圖案 [A]

製作＝FILOSOFI　新美麻玲

HAPPAの桌墊

由北歐的食器用品得到靈感，
設計出連續的葉子圖案元素，
相當具有新鮮感。
使用兩種綠色的葉子，
表現出成熟風情，
完成刺繡之後，
周邊再以編織繡呈現時尚風格。

作法・圖案P.104

製作＝清水惠都子
自大阪MODE學園服裝設計科系畢業後，就開始學習北歐刺繡。1994年設立北歐刺繡教室「Skane Club」，和身為西洋畫家的姐姐一起著手於原創設計，以20周年作為契機於2010年成立了「INGAHEM」，發表十字繡、瑞典Tvistöm刺繡等眾多原創作品。
http://skaneclub.exblog.jp/

HAPPAの迷你桌墊

想和桌子中心墊一起使用的茶杯墊。
就算只有兩片葉子，因為顏色的變換，
即呈現出不一樣的效果，
可以運用各種不同的顏色重新搭配喔！

作法・圖案P.104

GUSTAVSBERG BERSA Tea Cup & Saucer
Breakfast Tea Cup & Saucer ／NORD MAINOS

瑞典 Tvistsöm 刺繡の壁飾

裁一大片的亞麻布，
以瑞典Tvistöm繡表現花與葉子的連續圖案，
運用粗針距的刺繡，
填滿瑞典Tvistöm繡＆亞麻布，
一點一點的變換花＆葉子的顏色，
呈現作品的立體度。

原寸圖案 [A]

製作＝清水惠都子

表現出現代感のHAPPA花紋

在日常生活中
加入刺繡

利用工作或家事的空閒之餘，
刺繡是最愉快的事情，同時也是讓心靈得到慰藉的時刻。
在日常生活中完成作品，
房間裡也隨時充滿了可以感受到刺繡樂趣的點子。

○攝影　Hirata KAI　清永洋　山口幸一
○採訪・文字　玉置加奈　梶　謠子

在日常
生活中
加入刺繡

naoko asaga

以自然元素設計出個人風格

My stitch

1 以樹木作為元素，運用黑色與白色，凝聚鮮明的氛圍，討人喜愛的針插。**2** 以深的藍色與溫柔的粉紅色描繪的玫瑰花手帕，選用漂亮的顏色製作刺繡。**3** 以絹線繡製作的相框，為《天鵝湖》的化身。**4** 運用刺繡表現我喜歡的書《祕密花園》，使用繡珠表現鑰匙孔的獨特感。

喜歡收集優良復刻的傳統溫暖

淺賀直子小姐

整潔乾淨的古典家具，以及被裝飾的非常精緻的刺繡物品，喜愛自然元素的淺賀直子小姐，由她設計的風格刺繡，光只是看著就會讓人心中感到佩服。受到喜歡手作的母親影響，從小就喜歡親近手藝或工藝，因而進入服飾學校就讀。畢業後曾經在和服店工作，被和服上優美的絹線刺繡吸引，而成為開始學習日本刺繡的契機。

「從以前開始，就很喜歡被保存下來的古老東西，不管是家具或和服，因為長久被使用，作品的設計會留下作者的溫暖手感，我對這些非常感興趣。」前賀小姐設計的靈感，大都是參考和服或舊繪本及圖鑑來的。「食器或是零食的包裝設計，在美術館及博物館看到的作品，電影或是小說，從日常生活中看到的場景，會湧現出許多的想法，即使過了很久，也可以持續受到喜愛的設計，捧在手心的時候，會讓心情隨之悸動。植物與花的美麗纖細，雖然簡單，但也會讓人思考著如何使它們展現高尚氣質，最近則比較喜歡設計性較高的日本家徽等等圖案。」

1

Loving

1 以簡潔的輪廓繡繡出舊繪本裡的場景，兔子馬車＆復活節彩蛋的保溫茶壺套組。**2** 以知更鳥＆花作為裝飾。這個作品曾在兩年前開設的部落格Maison de Pontomarie中介紹。http://nyapodanu.blog69.fc2.com/ **3** 坐在光線良好的窗邊位置上刺繡。**4** 在小格子布繡上皺褶繡的圍裙。**5** 作為收藏品的花卉畫冊＆舊繪本。

2

4

一針一針仔細地刺繡

5

3

透過日本刺繡學習重要的事

淺賀小姐喜歡和服，所以認為如果要學刺繡，就一定要學日本刺繡。在作日本刺繡的時候，最重要的並不是繡工，而是要把布撐開，「把布撐開是重要的步驟之一，雖然是非常辛苦的作業，但這也是轉換心情，或集中精神的重要時刻。或許因為擁有那一段時間，這也是喜歡日本刺繡的原因之一。」十二條撚捲成的絹線比頭髮還要細，自己手撚的絹線，可以調節粗細及強韌度。

「配合設計圖，作出適合的繡線也是一種魅力。因為撚線的強韌度或粗細，可以呈現各式各樣的效果，決定線的處理方式也是很愉快的一項作業呢！日本刺繡裡有很多可以感受到四季的設計，這是一邊感受四季變化，一邊過生活的日本人，才能體會到的審美意識，我自己本身就是為了不想忘記那樣的心情，所以希望繼續傳承下去。」

淺賀小姐最近很愉快地製作法國刺繡小物，仔細且確實作好每個作品，無論如何都抱持著愉悅的心情製作，這樣的氛圍，在淺賀小姐的刺繡作品裡隨處可見，讓每一個欣賞作品的人都為之著迷。

使用絹線製作細緻の和風小物

2

1

Silk sread

1 在喜愛的和服上搭配手作的繩釦。**2** 梅、竹、楓葉……每個月思考製作的元素，充滿季節性的繩釦們，像極了排列在盒子裡作為陳列品的可愛和菓子。**3** 運用日本刺繡製作的鹿＆紅芒花，使用絹線刺繡呈現出它的光澤感，打算作成布書衣的作品。**4** 日本刺繡使用的工具＆絹線。**5** 將絹線整齊的收納在盒子裡。

4

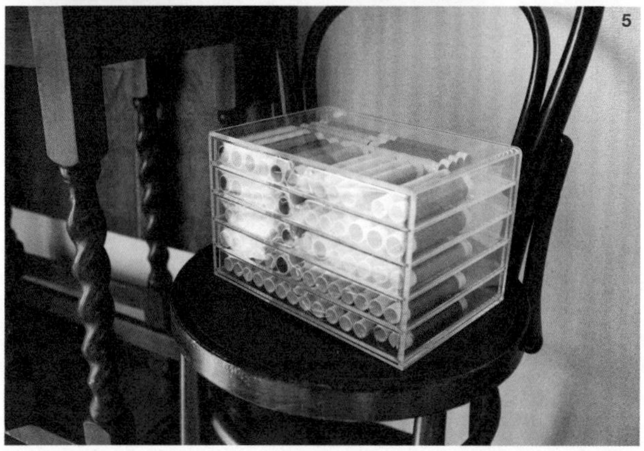
5

3

2

1

在日常生活中加入刺繡 2

maki suzuki

喜歡甜點圖案！

4

3

Dining & Kitchen

5

1 作成餅乾形狀，可愛的甜點圖案針插。**2** 在市面上販賣的杯墊加上喜愛的蝴蝶結造型。**3** 在廚房的架子上隨性地裝飾甜點和蝴蝶結的元素。**4** 在春色系的桌巾以刺繡繡上甜點圖案。「奶酪圖案是從喜歡的外文書發現的，蝴蝶結則是參考海外免費圖案所製作的刺繡。」**5** 如同西洋書一般的夢幻餐廳，「粉紅色、薰衣草紫色，都是我喜歡的柔和顏色。」

Entrance

1 許多作品都是參考海外材料包或是免費圖案製作。**2** 每個季節更換圖案，陳列在玄關角落。「以原色繡線在素色亞麻布上刺繡，這是我最喜歡的組合。」

運用刺繡豐富房間色彩

Living

3・**4** 為了新家擺設，在搬家之前就開始慢慢進行十字繡的抱枕套，圖案全部都是自己的創作。

將許多幸福的色彩元素裝飾在房間裡

鈴木真紀小姐

鈴木真紀小姐的住家，從打開玄關門的瞬間開始，就像是走進廣闊的外文書世界，通風良好的客廳，滿滿的光線從窗戶照射進來，搖曳著溫柔的陽光。

從2011年的夏天著手，從水龍頭到壁紙的挑選，完成了堅持想法的住家裝潢。住進了房子以後，便一點一滴的佈置舒適的空間，「用來當作室內設計範本的大多是海外雜誌或書籍，同時也有很多是參考海外的連續劇呢！」

窗簾或抱枕套，室內設計的布作幾乎都是手作品，房間四處可以欣賞到品味絕佳的裝飾框架刺繡或布小物，深深融合了法國風味的室內設計。「淡紫色的薰衣草，是我從以前就很喜歡的漂亮顏色。粉彩系的柔和色調，可讓房間充滿優雅的氣氛。」

鈴木小姐會親手製作市面上沒有販賣，但是自己想要的配件。「這樣就能夠和想像中的一樣了，如果加上蝴蝶結或甜點、芭蕾舞，這些喜歡的圖案，就可以完成世界上唯一的自創用品喔！」

Kids space

1 小孩的房間就應該要色彩繽紛！塗上紫色直條紋的 IKEA 收納櫃。
2 以藍色作成刺繡，上頭有著出生日期與英文字母的生日紀念框物。
3 小孩剛學會走路時，作為專門放鞋子的束口袋。「蕾絲全部都是親手編織完成的精心之作。」

2

3

1

刺繡框物是室內裝飾の重要配角

6

5

4

Sanitary

4 裝飾在廁所窗邊的英文字母刺繡集錦，是剛開始作刺繡時完成的材料包作品。
5・**6** 以古銅色凝聚而成的化妝間。「原本是預定以照片裝飾框架，但是用家族的英文姓名字母來作刺繡之後，更凸顯了別致的氛圍。」

餐桌就是我の工作室

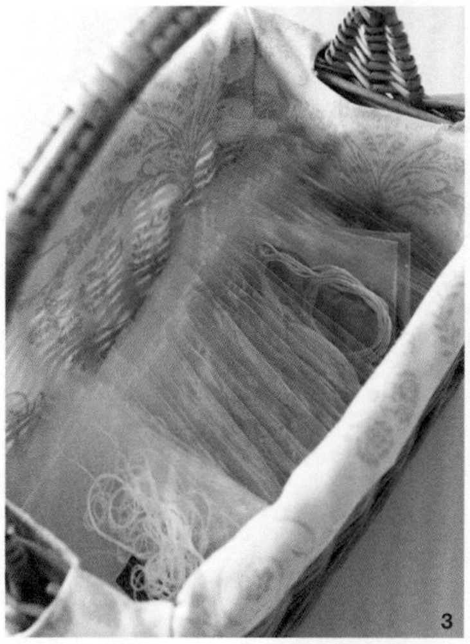

Stitching time

1 抽屜附有許多的木盒，可方便收納蝴蝶結或線……細小的材料。
2 小學時，媽媽買給我的裁縫盒，直到現在還是愛用著，刺繡框是媽媽從前用過的。
3 繡線以夾鍊袋分成小包收納，使用附有手把的籃子，搬動時可更加輕鬆。
4 參考的外文書圖案集裡，甜點元素或蕾絲花樣……有很多我喜歡的圖案。
5．**6** 光線充足的餐廳。我經常和小孩一邊聊天，一邊享受製作刺繡的樂趣。

依自己的步調製作，是刺繡最大的魅力。

鈴木小姐與刺繡大約是在十年前相遇。在郵購雜誌上偶然看到緞帶繡的材料包，發現「居然有這麼可愛的刺繡啊！」之後，就對它一見鍾情了！

鈴木小姐一直都很喜歡手作，小時候看別人製作，便跟隨模仿起製作莉佳娃娃衣服，「除了母親之外，長我四歲的姐姐也很喜歡手作，雖然喜好各有不同，但我們經常一起動手作。」

長大後，鉤織蕾絲、製作剪貼本，挑戰各種手作，依照自己的步調愉快的刺繡十字繡，覺得與自身個性最合，「跟著圖案刺繡，必定可以漂亮的完成，思考著順序，照著進度刺繡，就像玩拼圖一樣有趣。」

鈴木小姐拿起針線的時間大多是在「作家事之餘」、「深夜」、「家人睡著了以後」。「手有空閒的時候，不論何時何地都可以拿出來製作，就是刺繡最有魅力的地方。有時也會因為太過專注，到了深夜都還未眠。隨手動一動，也會馬上忘掉討厭的事情，『接下來要挑戰什麼樣的圖案呢？』光只是想著這件事，就開始期待了！」

將刺繡作為室內裝飾の重點

在日常生活中加入刺繡 3

junko naito

4

1

Entrance

1 將勿忘草的集錦刺繡與法式布盒風格的框架作為裝飾。
2 壁飾框物與刺繡構成另一種不同的手作樂趣，放入框架，作為室內裝飾的重點。
3 令人印象深刻的鏤空繡與玻璃雕刻成為優美的組合。
4 在開門後馬上就看得到的地方，陳列出自己喜歡的裝飾吧！

2

3

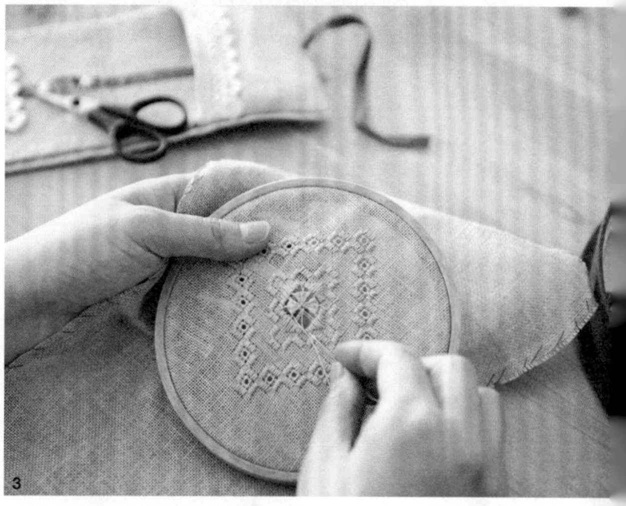

對白色刺繡の憧憬

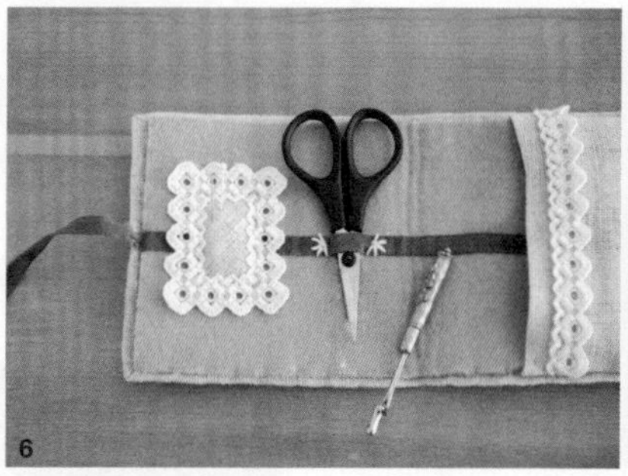

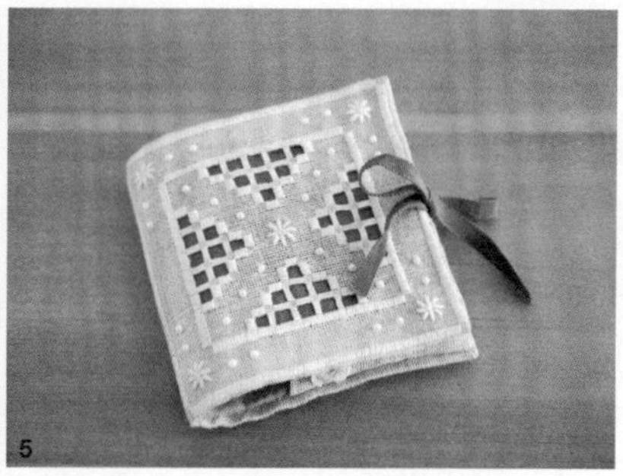

My stitch

1 鏤空繡的攜帶式鏡子，是我經常製作的作品。「也可以當作小禮物，收到的人會很開心喔！」
2 繡上Schwalm白刺繡和鏤空抽紗繡的白色亞麻布方巾，客人來時可以當作玻璃杯的蓋布使用。
3 同時進行大作品與小物製作，是可以持續創作的祕訣。
4 充滿明亮光線的客廳，是最適合作刺繡的場所。「即便是短時間也好，只要每天動手作，就能讓心情感到更加舒坦。」
5‧6 運用御園二葉老師的材料包，完成鏤空抽紗繡的裁縫包。可以簡潔的收納必備用品，是外出時的隨身好物。

喜歡數紗繡 自然而然的存在感

內藤純子小姐

活躍於型染與玻璃蝕刻藝術的講師——內藤純子，在兩年前完成的新家，與復古雜貨一起佈置的作品，讓來拜訪的人眼睛為之一亮。

房子裡特別吸引目光的，是許多細膩完成的白色刺繡。「從以前開始，我就喜歡針線活兒，一直都很憧憬著白色刺繡，尤其是鏤空繡，不想以自己的方式製作，想要透過完整的學習，而就在那時，我遇見了御園二葉老師。」

在工作與家事之餘努力不懈地到教室學習，挑戰各式各樣的作品。同時進行大作品與小物的製作，可以擁有相當程度的成就感，一點也不會讓人感到厭倦。還有只要手一空閒，就可以立即著手，「馬上收拾好」也是刺繡的魅力。就算只有一點點的時間可以拿出針線，對內藤小姐來說，那是最可以放鬆的時間了！

「一針一針的累積，就如同每日的累積一樣。將白色刺繡自然地融合於室內裝飾中，歷經辛勞地完成之後，也會更加的珍惜。只在房子裡裝飾一件作品，就能打造低調的奢華風格，而日常生活與作品時常相處，也能讓人擁有滋潤心靈的存在感。」

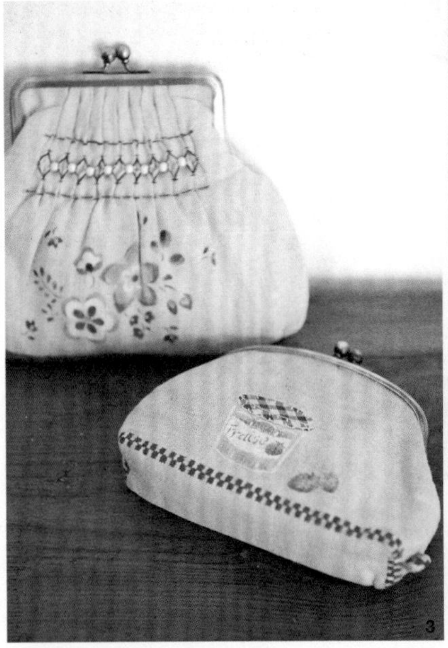
3

2

1

Stitch & Stencil

1 向塚田紀子老師學習的型染作品。為了畢業班的作品展製作的陽傘＆手提包，最適合夏天外出使用，選用直條紋作外圍的裝飾，添增奢華感。
2 與毛線刺繡搭配組合，製造溫暖的氛圍。
3 在型染上添加刺繡，更能享受立體感的樂趣。

刺繡&型染の新鮮組合！

6

5

4

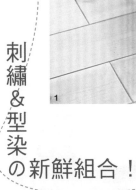

Garden flowers

4 玫瑰花＆皺褶繡組合搭配的背包。「如果可以住在有庭院的房子……」以此念頭描繪個人想像的刺繡。
5 搭配紫羅蘭花的香包，讓室內空間清爽了起來。
6 將雪花蓮以輪廓繡勾勒的抱枕套。從事園藝工作時，經常會湧現出許多點子。

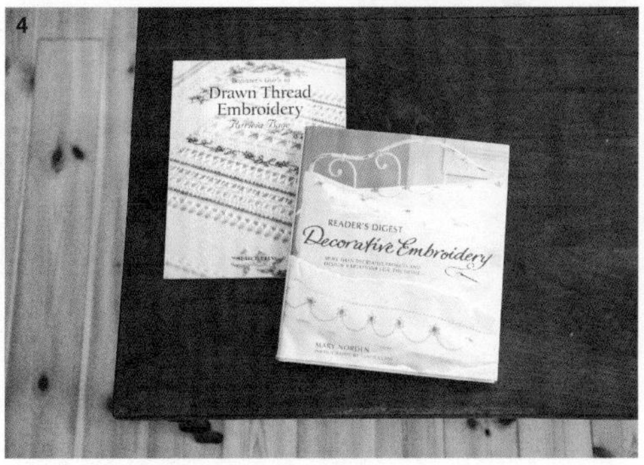

以喜愛の作品填滿小小工作室

Atelier

1 將舊式腳踩縫紉機作為主角，具有復古風情的工作室陳列。
2 配合法式布時鐘，櫃子以黑白色調搭配。
3 在高橋亞紀小姐的教室裡第一次作刺繡，具有紀念性的英文字母刺繡，將其製作成十分珍惜的縫紉工具盒，平日愛用的剪刀也掛上了鏤空繡剪刀掛飾。
4 喜愛的圖案集。「這兩本書怎麼看也都不會膩。」內藤小姐這麼說。
5 收納在手作的布盒裡，經常使用的刺繡線。
http://blog.livedoor.jp/juneberry0/

與法式布盒&型染都能組合搭配

由於雙親都忙於工作，對小時候獨處的時間比較多的內藤小姐來說，手作一直伴隨在她的身邊。「我在小學時就加入手藝社團，挑戰各式各樣的手作呢！感謝母親買了縫紉機給我，製作各式各樣想要的東西！才得以獨立完成許多作品。」

對內藤小姐來說，可以一起愉快地完成手作的好朋友是不可或缺的存在，與型染和玻璃蝕刻藝術邂逅之後，她的手作世界便漸漸地擴展……

與型染及法式布盒搭配，是刺繡有趣之處。型染加上部分刺繡，替作品增添新的風貌，完成的法式布盒，可以成為生活實用小物，也是個令人驚喜的發現。

「我認為時間有兩種，一種是被耗費而去的時間，另一種則是不斷累積下去的時間。每天的時間幾乎都是被消耗殆盡的，正因如此，一針一針花費功夫製作的刺繡或古董，在累積的時間裡完成的作品，或許可以讓人感受到一絲暖意。」

特集
3
愛上十字繡

成熟可愛の重點刺繡

在廚房用布加上小小的英文字母吧！
第一次玩刺繡的你，一定會被它的可愛感吸引，
為大家介紹最適合第一次作十字繡的可愛圖案！

〇攝影　蜂巢文香　〇文字・編輯　梶 謠子

縮小80%後為
實際尺寸

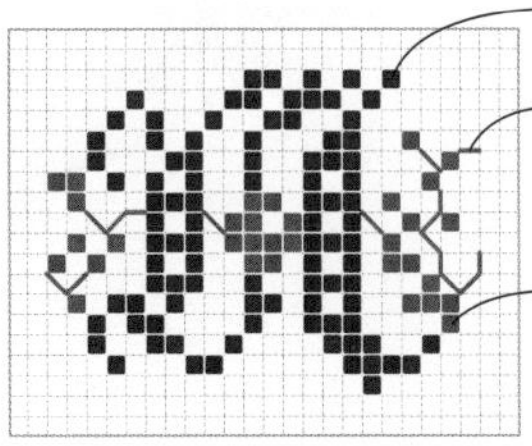

※全部使用COSMO 25號繡線2股
※除了指定之外皆進行十字繡
※布是36格（14目／1cm）

花和數字及英文字母的新鮮搭配！
格子或條紋，隨著底布的不同，
風格也隨之改變。

英文字母刺繡の
保特瓶套

隨身攜帶的布小物，
以刺繡繡上屬於自己的標誌後，
心情也隨之愉快。
紅×藍的古典配色，
使英文字母更加醒目。

製作＝
Nishikawa Yukari（Cercle）
細心的製作十字繡，以背包或小物為主要的工作。Cercle是法文「圓」或「同好會」的意思。
http://www.eonet.ne.jp/~cercle/

製作＝
岩本晶美（au bon gout）
以十字繡為主，製作布小物。與巴黎手藝店相關的網站名稱，是取自法文「高品質有品味」的意思。
http://aubongout.fc2web.com/

數字＆英文字母

數字或英文字母，是運用在各種小物都非常適合的元素。
花或小鳥、皇冠，按照不同的搭配組合，
可產生非常多的趣味變化，
裝飾用途也很多喔！

圖案 P.109

製作＝
yoco（Fil d'or）
喜歡眺望天空和小鳥，精緻細膩的十字繡，擁有極好的評價，參與展覽及體驗課程相關資訊，請查閱部落格。
http://fildor.exblog.jp/

藏紅花
針插

破雪而出，在春天裡最早綻放的藏紅花，對歐洲人而言是非常熟悉的圖案，上下顛倒繡成一排，也可以繡成連續的圖案。

圖案 P.110

縮小 80%後為
實際尺寸

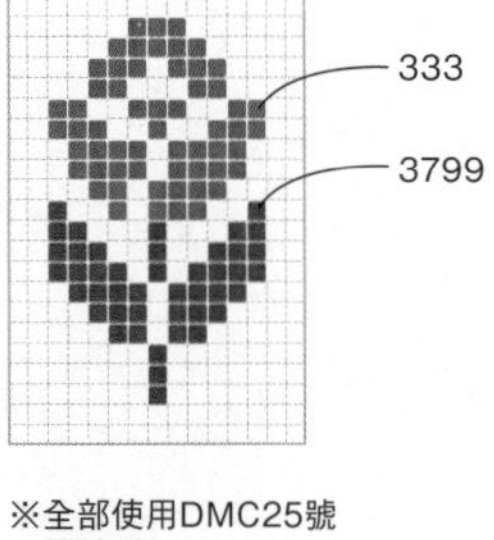

※全部使用DMC25號繡線1股
※全部進行十字繡
※布是40格（16目／1cm）

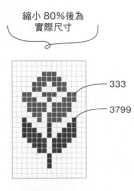

面對面的兩隻鳥兒，以紅色與黑色製作刺繡的相本套，
搭配上提洛爾織帶，非常相襯！

東歐 & 幾何學

洋溢著未知的異國氛圍，
東歐的元素有著許多動植物或幾何學元素，
與大自然息息相關的圖案為其特徵，
使用紅、黑或藍線製作刺繡，就可創作出充滿異國情懷的作品。

圖案 P.110

製作 =lotterico
從北歐或東歐的手工藝中得到靈感，一針一針仔細地繡出。使用嚴選的素材，懷舊的布小物特別受歡迎。
http://www.lotterico.net/

製作＝Ito chiaki（trefle*）
以手縫或編織小物為主，從事小物的製作。以少女的心情製作纖細的十字繡作品最為拿手，trefle是法文「幸運草」的意思。
http://www.justmystage.com/home/trefle/

女孩風格の集錦刺繡

蝴蝶結加上天鵝、芭蕾舞者……
將女孩喜歡的元素填滿其中，
使用一股銀色線刺繡，
即可呈現高雅的氛圍。

原寸圖案 [B]

製作＝
calma*pacco
販賣堅持手作的十字繡作品。店名取自使心情愉快且響亮的義大利文「平靜」與「小行李」組合而成。
http://www.calmapacco.com/

茶葉罐圖案 亞麻布手帕

在簡單的亞麻布手帕
繡上復古的茶葉罐造型。
從背包裡拿出，
都會有種讓人心情愉快的氣氛，
是重點裝飾的可愛元素。

圖案 P.110

海洋風 布作衣架

以清爽的直條紋布
裝飾鐵絲衣架，
先在別的布上刺繡
燈塔圖案，
再貼縫裝飾於衣架。

圖案 P.110

製作＝
Kuboderayouko（dekobo 工房）
以布小物作家身分活躍於手作界，也擔任Vogue學園東京分校的講師。第一本著作為《容易製作且簡單的實用可愛背包》（日本ヴォーグ社）。
http://www.dekobo.com/

洋裝 迷你包

在薄的直條紋亞麻布上，
以一股繡線繡上可愛的
橫條紋洋裝。
開閤簡單的彈簧片小包，
也很適合小朋友使用。

圖案 P.110

製作＝deary
製作且販賣洋溢少女情懷的小小胸花或十字繡小物。網路商店或活動、作品展覽相關資訊，請參考部落格。
http://dearly2010.blog130.fc2.com/

將送給親朋好友的禮物、嬰兒誕生或結婚紀念日……
及適合作為室內裝飾重點的主題圖案組合在一起，
即可完成以圖案作為重點的可愛設計。

○攝影　三浦 明　○文字・編輯　玉置加奈

充滿配件元素の印花布刺繡

甜蜜の家庭

祝福框物

種著許多花卉的可愛鄉村小屋，
幸福的青鳥、心形的鑰匙元素……
充滿著甜蜜感的重點裝飾。
將紅色和藍色簡潔地凝聚在基本色調裡，
非常適合作為結婚祝賀或新家落成的禮物。

原寸圖案 [B]

製作＝小寺綾子
在實用又簡單的布小物添加刺繡最為拿手。
以EarlGray之名在委託寄賣店或在展覽會中販售作品，在網頁中分享每日手作。
http://earlgray-aya.petit.cc/

為了紀念日提前製作の刺繡

製作=Sou Noriko
以自由設計師和插畫家身分活躍於業界。很喜歡手工藝，從小時候開始就接觸洋裁、編織。擁有刺繡講師資格，在育兒之餘製作兒童用品和刺繡，於部落格分享作品及免費諮詢。
http://noriginal.net/

嬰兒誕生！
集錦刺繡盒

描繪著可愛小人偶的集錦刺繡盒，
加入姓名、生日、體重、身高……
作成法式布盒，
也可以作為收納嬰兒小物的盒子使用。

原寸圖案 [B]

如實地繡出可愛花朵&道具

開滿花朵の

窗簾壁飾

紫羅蘭、鈴蘭花、瑪格麗特、罌粟……
把春天的花朵繡成標籤風格的十字繡，
可以拿來作為邊條裝飾，
當然也可成為重點使用的美麗圖案。

原寸圖案 [B]

製作＝渡部友子（a Little Bird）
刺繡、法式布盒、拼布製作，於網頁或部落格分享手作生活。除了在手藝雜誌上發表作品，也活躍於展覽活動。http://www.asahi-net.or.jp/~ui5h-wtb/

工具圖案の

針線盒

長年被珍惜著而傳承下來的手藝工具，
擁有百看不厭的簡單外型設計，
邊緣以紅色與藍色繡出花朵元素，
裝飾在橢圓形盒的蓋子上，
完成喜愛的裁縫盒。

原寸圖案 [B]

製作 = SebataYasuko
手藝作家。以刺繡、編織為主，製作各種領域的手藝作品，活躍於手藝雜誌中。為橫濱．元町手藝雜貨店Nelie Rubina的負責人。
http://nelie-rubina.com/

刺繡の

練習組合

在學習刺繡技巧或
針法時完成的花朵，
練習專用的刺繡組合。
將花朵的圖案裝飾
在別的布上，
會有不同的效果。

作者＝福島 Mariko

刺繡組合の
參考外文書！

活用巴黎の代表圖案

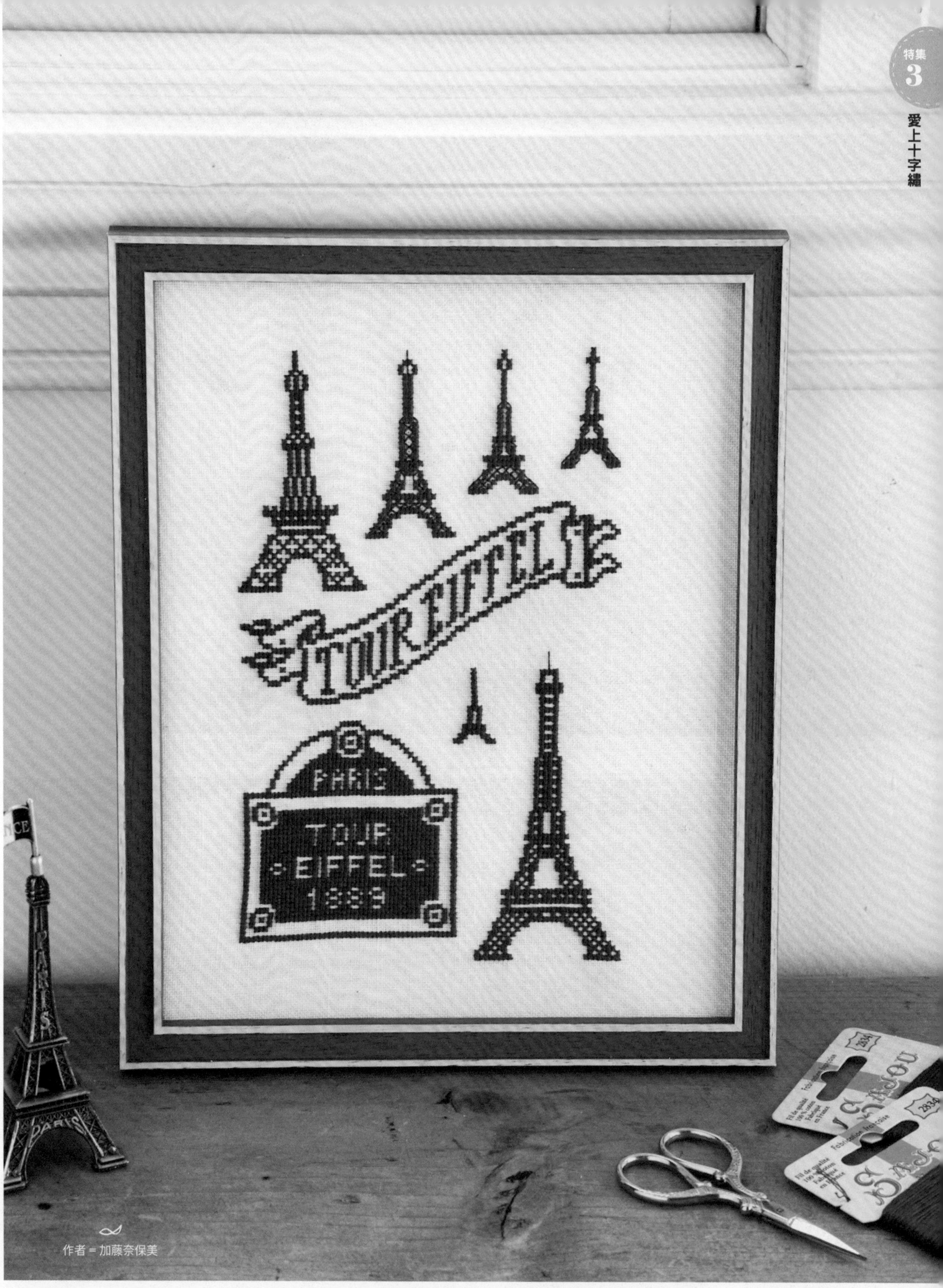

作者＝加藤奈保美

艾菲爾鐵塔の

框物

從收集復刻古董聞名的
MAISON SAJOU圖案集中，
使用集合了艾菲爾鐵塔的新鮮圖案，
以單一藍色簡潔地完成刺繡。

在印花布上
添加
刺繡

選擇要作刺繡的印花布圖案後，
加上刺繡。
相互輝映的印花布和刺繡，
可讓作品更加美麗。

○攝影　森谷則秋

以柔和顏色作為基本色調的OOH LA LA布料。懷舊的綿羊圖案、格子布，是由Bunny Hill Design的設計師Anne Sutton小姐，自法國旅行得到的想法而設計出的系列作品，甜美又高雅，相當吸引人。共有三種色系。／moda japan

綿羊茶壺保溫套 & 杯墊

在有故事性的印花布上，選擇一面製作刺繡，
淡淡的印花布映照出豐富色彩的刺繡。

原寸圖案 [B]

以法國結粒繡表現綿羊身上一粒一粒的突出感，刻意留白，如同繪圖一樣呈現出契合感，使整體印象浮現出來後，在單色的圖案上著色。

製作＝石井寬子
於雜誌發表具有故事性的刺繡作品。著有《第一次的刺繡課程》、《快樂的刺繡課程》（Nathume社）。 http://cahier.main.jp/

復古刺繡圖案抱枕

以刺繡將復古圖案組合在
印花布料作成的抱枕上，
搭配繡線的顏色製作的流蘇，
可以更加呈現作品的特色。

原寸圖案 [B]

由一股繡線和兩股繡線的鎖鍊繡組合，
或是使用兩色的輪廓繡描繪……
就像是在繡復古組合刺繡一樣，
可充分享受刺繡的樂趣。

製作＝山口惠美

在法國生活了十六年，2010年春天回到日本。在當地學習刺繡及裱框加工的手藝，花費許多心思於從事充滿點子的作品製作。

如果不知道如何選擇繡線顏色，就從印花布的顏色中選出一個顏色。如果可以讓色調統一，即可將色彩豐富的刺繡，營造出成熟穩重感。

直條紋圖案盒

剪下在雜誌或報紙上關注的文章，
放在報紙花紋的
法式布盒裡保管吧！
如此便可擁有一個充滿
喜愛訊息的寶物盒子。

原寸圖案 [B]

製作 = umico
以黑、白作為基本色調，製作且販售自然高雅的作品，在展覽會中以UMICORN為品牌名稱發表作品。
http://umicorn.exblog.jp/

在蓋子內側貼上裁剪的印花布及配件，每次打開的時候，心情就變得更愉快。

打開！

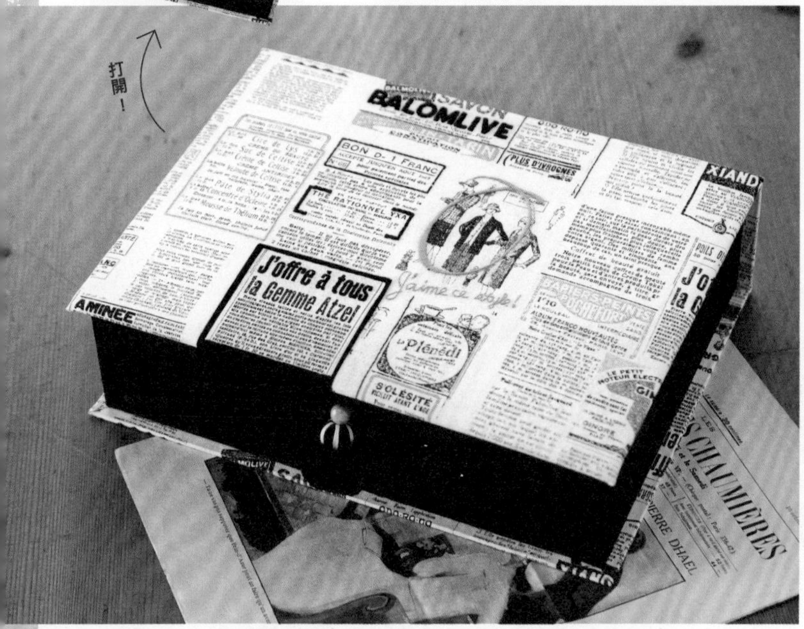

在關注的報導上以刺繡描繪出圈圈記號，或繡上j'aime ce style!，法文的意思為「我喜歡的風格！」。

把喜歡的部分裁剪下來加工作成胸針，在帽子或領口添加刺繡，更能表現出立體感。

製作 =
山口惠美

丹寧布短肩包

復古的報紙印花搭配深色的丹寧布，
展現時尚的氛圍，
配合報紙印花部分的紅色刺繡是作品重點。

原寸圖案 [B]

可以拆下來！

取下胸針別在衣服上也很時尚，
配合印花的氛圍，完成整體的造型。

Mercerie de Paris の 新布登場

以巴黎的Mercerie（手藝店）為印象，色彩鮮豔卻擁有沉穩色調的復古風格布組。自大約100年前法國發行的Journal de Broderies（刺繡報紙）中得到靈感而設計，全部皆為棉麻布料（棉75%、麻25%）。

stylebook de Paris
巴黎的造型書

時尚的印花，是自大約一百年前的造型書中得到靈感的設計。使用時尚的色彩，融合在具成熟感的室內裝飾裡，也可以剪取部分製作拼貼作品，共三色。

Le Vieux Journal
舊報紙花紋

P.61短肩包和盒子使用的布料。復古的刺繡報紙，還保留著當時的氣氛，設計出高雅的氛圍，因為是紮實的厚布，最適合作成背包或小包，隨身攜帶的物品，共六色。

motif de Broderie
刺繡圖案

P.60抱枕使用的印花布。在刺繡報紙上被刊登的圖案成為設計的靈感，小鳥、小孩、花朵、櫻桃，以許多可愛的元素交錯點綴，共六色。

Mercerie de Paris
日本紐釦貿易（株）http://www.nippon-chuko.co.jp/

遇見刺繡の
小旅行

SAJOU

造訪 MAISON SAJOU 的收藏品

伏爾泰・史雷斯塔・碧麗小姐

巴黎手藝用品店 MAISON SAJOU，
目前以日本為主要市場，而在世界各地都擁有許多愛好者。
非常喜歡復古及手藝用品的伏爾泰小姐，
在七年前就開始了 SAJOU 圖案集的復刻工作……

○攝影　川村真麻　○協助採訪　日本紐釦貿易（株）

2

伏爾泰小姐貴重的收藏品之一，復古的SAJOU圖案集，這些也是復刻版的靈感來源。

3

1

復刻版的手藝用品：拉頁式圖案集、少女圖案可愛針組、SAJOU罐裝針組。

1 在工作室入口樓梯兩邊的牆面上，排滿了一系列「SAJOU」的手藝用品。這些都可以在隔壁的店舖裡購買得到。
2 一踏進工作室……首先映入眼簾的是貼滿整片牆面的各式復古圖案，這也是時尚裝潢的重點。
3 剪刀、刺繡線、捲線板，裝滿縫紉工具的「SAJOU 兩層裁縫套組」，懷舊的標籤也相當受歡迎。

4 以法國最後的手縫線「FIL AU CHINOIS (中國人的線)」為首，耗費許多時間收集而來的各式木盒。
5 美麗的捲線板被慎重地保管在專用的抽屜裡。
6 復古風格的抽屜裡放滿許多的貴重收藏，其中還有纏上六股撚線的六角捲線卡。
7 在眾多珍貴收藏前，熱情地介紹手藝用品魅力的伏爾泰小姐。

8 將刺繡緞帶拼接成色彩鮮豔的壁飾，伏爾泰小姐的作品。
9 為了圖案集的集錦製作的壁飾，在店裡被拿來作為隔間之用。
10 裝飾在店舖一角的圖案集，圖中的英文字母圖案也收錄於其中。
11 這也是伏爾泰小姐製作的作品，被當作是材料包的樣品。

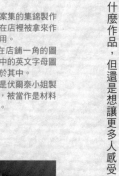

從充滿貴重珍藏的工作室中孕育出令人憧憬的手藝用品

造訪MAISON SAJOU工作室及店鋪之後，最讓人為之感動的，是那些龐大的復古手藝工具的收藏品，以及伏爾泰小姐親手製作的壁飾、抱枕等刺繡作品。看著那些作品，我們可以感受到伏爾泰小姐是如何深愛著手藝用品，以及無可救藥的喜愛刺繡。

無庸置疑地，圖案當然是從SAJOU的圖案集中挑選出來的。找到喜歡的圖案，再繡成實際的刺繡作品，裝飾於店鋪裡。

「雖然最近十分忙碌，作不了什麼作品，但還是想讓更多人感受SAJOU的魅力……」伏爾泰小姐堅持產品全部都要在法國製造，以及她只販賣自己喜歡的東西。

「七年前的我，連想都沒想過，世界各地都有不少人喜愛SAJOU。而今以日本為基地，讓更多人都認識SAJOU，也因而得以推廣到各國。」

超過半個世紀之前，因為時代浪潮而消失的MAISON SAJOU，因為伏爾泰小姐而又重新活躍於市場，在2012年的春天，全新設計的自創印花布也加入市場的行列。

MAISON SAJOU 手藝用品の魅力

2005年5月15日SAJOU網站開啟，大約三年後，
伏爾泰小姐終於如願以償地在凡爾賽宮旁
開設了MAISON SAJOU實體店舖，
在這裡可以購買到許多憧憬的SAJOU復刻版商品。

3

4

2

1

1 緊接在圖案之後完成復刻的是各式各樣的剪刀。風格獨特的設計，特別受到歡迎，收藏者也非常多。
2 在查爾斯十世時代流行的珍珠貝把手剪刀，以乳白色的塑膠所復刻而成。

6

5

3 時尚圖紋的針組。打開之後，裡面放著手縫針及十字繡用的刺繡針。
4 以伏爾泰小姐的兩個女兒當成模特兒範本所作成的捲線板。
5 展示於店鋪內的線色範本，具有相當的存在感。
6 堅持遵循古法製作的「北法的捲刺繡線」，共九十六色，放在玻璃瓶裡的是手縫線。

7

8

SAJOU

SAJOU 離凡爾賽宮相當近，店鋪位於古老建築物的一樓，不定時會有新品展售。
地址：16bis, rue de la Chancellerie
78000 Versailles FRANCE
mail：maisonsajou@wanadoo.fr

日本總代理店 日本紐釦貿易（株）
http://www.nippon-chuko.co.jp

珠針或編織針，木製梭子架……簡單便利的手藝用品，整齊優雅地排列在一起。

7 因為擁有堅持法國製造的品牌精神，以及熱愛手藝用品的伏爾泰小姐，才能讓SAJOU重生。
8 店鋪分成兩個區間，依照不同區域展示不同的商品。

為特別附錄內可愛懷舊的

兒童圖案加上刺繡吧！

翻開法國的手藝舊報紙，有許多以兒童為元素的可愛插畫＆圖案，把這些圖案以刺繡來表現吧！讓我們一起發現快樂的刺繡好點子。

○攝影　三浦 明　○文字・編輯　玉置加奈

扇貝形小包＆鏡盒

正在玩耍的小狗，可愛的孩童背影……
只是看著就能舒緩心情。
以扇形邊裝飾展現成熟感的小包，
以及在格子布上，
都是以輪廓繡完成可愛刺繡的鏡子，

特別附錄
圖案A面

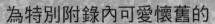

製作＝LABO　Jeu de Fils

高橋亞紀負責的Jeu de Fils是一個專門設計＆製作的團體。介紹並販售刺繡相關情報與自創設計的刺繡材料包和外文書。著作有使用復古圖案的「刺繡圖案帖」日本ヴォーグ社。
http://www.jeudefils.com

法式布盒の
裁縫箱

將文字藏於框架裡的設計，
正在工作的小女孩，
展現出開心的模樣。
以藍色與紅色布料
為基本色調，
附上手把更加方便了！

作法 P.105

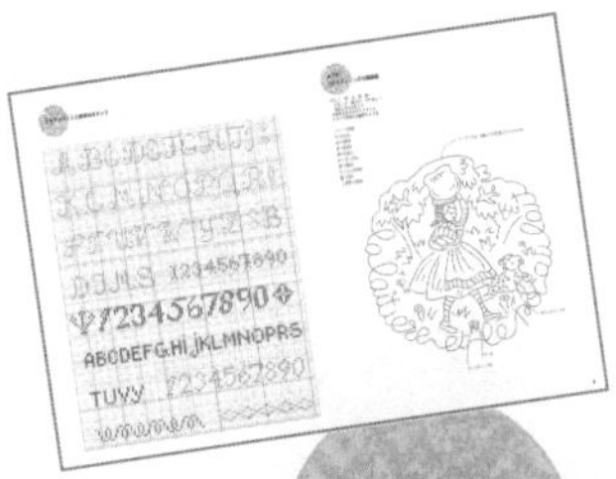

特別附錄
圖案B面

打開裁縫盒，可以掛上手藝工具，使用緞帶把刺繡框固定起來，掛上剪刀或繡線，這些好點子，大家都可以試試看喔！

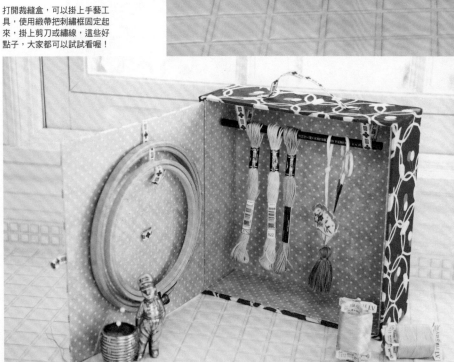

P.62至P.63
製作＝山口惠美

在法國生活了十六年，2010年的春天回到日本。把在當地學習到的刺繡以及裱框的工夫，加上法式布盒，用心將點子活用在作品上。

摺疊式相框

在淺粉紅的文字印花布上，
以緞面繡繡上櫻桃的相框，
夾上喜歡的照片，
作為擺設或隨身攜帶都很棒！

特別附錄
圖案A面

以貼布縫裝飾の框物

以輪廓繡，
繡出洗衣服的情景，
再加上貼布縫裝飾，
呈現立體感。
小狗的姿勢和腳印
圖案都好可愛。

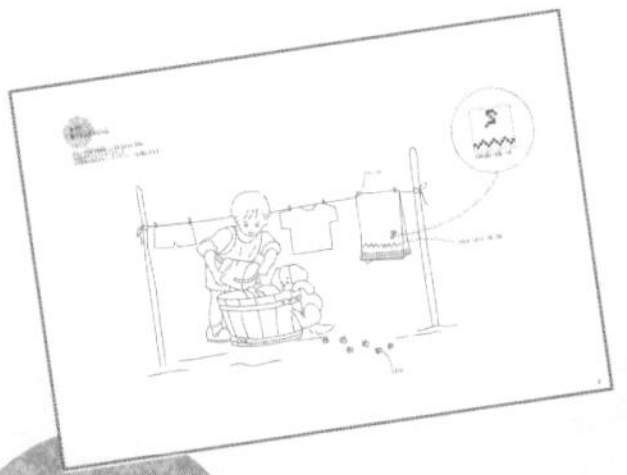

特別附錄
圖案B面

★

使用緞帶裝飾の少女束口袋

正在採花的小女孩，
可愛的手繪圖案。
以紅色線進行輪廓繡，
就能營造復古的氛圍，
再裝飾上淺藍色的緞帶，
增添時尚感。

★

紅色刺繡の扇形小包

動物與兒童的圖案，
一直都是親切且受歡迎的設計。
將纖細的扇形刺繡
繡在袋蓋的邊緣，
是大人都想要擁有的
人氣定番作品。

★

雙色刺繡の小線盒

可方便收納小物的
迷你裁縫盒，
從紅色與藍色的格子布中
選擇同色的繡線，
再以輪廓繡呈現素雅風格。

★刊登於Jeu de Fils精選的圖案集「兒童的景色」中。
從舊的手藝報紙或廣告挑選出來的兒童、動物花紋，集結了70款左右的花樣，除了可以作為重點裝飾，也可組合使用的實用圖案集。
／Atelier Jeu de Fils

nicotto 手作小物
巴黎風格元素の時尚刺繡雜貨

將小巧可愛的法國風配件集合在一起的 nicotto 刺繡雜貨，

可以輕鬆完成，也能營造親子間愉快的手作氣氛。

○攝影　渡邊華奈

以重點裝飾刺繡材料包製作 可作為收藏的刺繡

依照範本的圖案完成刺繡並裱框，
就可以直接掛起來成為收藏刺繡，
配色柔和的迷你外框，
最適合掛在小女孩的房間了！

製作 = annas

nicotto
女孩喜歡的圖案
還有很多喔！

將法式布盒 重新設計

將圖案作為重點裝飾使用，完成的迷你盒。與Nicotto的自創印花布（另售）搭配，可完成更具法國風味的可愛作品。

刺繡 = annas
製作 =Inoue Hitomi

簡單的法式布盒
可使用內附裁剪好的厚紙板、膠帶、牛皮紙、附有說明書的法式布盒材料包製作，只要準備好喜歡的布片和白膠、刷子就可以立即製作了！
http://www.nippon-chuko.co.jp/

重點裝飾刺繡材料包 全部六種花紋

想使用在重點裝飾的可愛圖案，與三色繡線、布、捲線版作為材料包，因此可以馬上製作。圖案由非常受歡迎的刺繡作家annas小姐設計，只要依照圖案進行刺繡，就能作成如同範本的組合刺繡。
※請另外購買外框。

在成熟可愛的圖案材料包裡，附有刻印上nicotto標誌的木製捲線片。
●材料包內容：25號繡線3束，刺繡布（米白色），木製的捲線板1張，附圖案的說明書

法國風

甜點風

在小朋友使用的物品上繡出喜愛顏色的圖案材料包裡，附有紙製的捲線板。
●材料包內容：25號繡線3束，刺繡布（米白色），紙製的捲線板1張，附圖案的說明書。

懷舊風

庭院風

完成圖

女孩風

男孩風

完成圖

nicolle
男孩活躍的
點心時間!

甜點風＆庭院風の杯墊材料包

以手作的杯墊招待客人，
是下午茶時間必備的用品。
有個性的杯墊，也可以
成為全家人都愛用的生活小物。

重點刺繡的可愛杯墊材料包，有甜點花紋和庭院花紋兩款，四片為一組。
●完成尺寸（cm）:10X10 ●材料包內容：25號繡線、印有圖案的刺繡布（米白色）、法國刺繡針、作法說明書

製作＝annas

庭院風

製作＝annas

因為已經將圖案印在布上，
所以能夠簡單的製作刺繡。

杯墊＆小包材料包的布，由於圖案已經印好了，初學者也可以安心製作。繡完後，圖案可以使用水消除。

巴黎街景小包材料包

時尚的精品店＆花店……
將您遊於巴黎街道的刺繡，作成隨身攜帶的小包，
圖案由annas小姐設計。

由於小包是半成品，縫上拉鍊並不會花費太多工夫。
●完成尺寸（cm）：直13X橫18●內容：25號繡線、印好圖案的刺繡布（米白色／半成品）、法國刺繡針、作法說明書

削皮的木製球形雜貨風格針插材料包。
●完成尺寸（cm）：直徑6.5X高5(含木製球形)
●材料包內容：25號繡線、Aida（米白色）、十字繡針、棉花、附彩色圖案說明書

製作 = Olympus

艾菲爾鐵塔&青鳥針插の材料包

實用的木製球形針插，
被花朵包圍的青鳥＆艾菲爾鐵塔是非常受歡迎的圖案，
它們都能為工作室帶來幸福喔！

可以完成兩個外出小物的材料包。英文字母圖案從A至Z都有，可自由選擇。
●完成尺寸（cm）：【束口袋】直15.5X橫14 X底5【面紙包】直9X橫13●材料包內容：25號繡線、Aida（米白色）、印花布、十字繡針、緞面緞帶、附彩色圖案說明書

製作 = Olympus

十字繡の外出小物材料包

運用nicotto自創印花布完成的束口袋和面紙包，
十字繡是重點。
圖案經過編排的印花布，非常可愛呢！

好多可愛元素の
nicotto
刺繡材料包

集滿許多巴黎風格小配件的刺繡材料包登場囉！
可以簡單地製作刺繡小物。
Olympus製絲（株）
http://www.olympus-thread.com

以背膠徽章作為重點の六角形盒子&包釦

以熨斗就能輕易地黏著的背膠徽章，
將圖案的一部分加上刺繡，可讓色彩變得更為豐富。
nicotto印花布「小物」完成囉！

製作 = Inoue Hitomi

nicotto的代表人物，將nicotto女孩與nicolle男孩作為元素，收集女孩和男孩都能使用的重點裝飾圖案的背膠徽章。nicotto女孩是咖啡色、nicolle男孩是黑色。

nicotto女孩　nicolle男孩

Book Information

在家也能自己作帆布包！

簡潔又好搭的帆布包，
其實作起來一點兒都不難，
運用書中的訣竅，
只要有家用縫紉機就可以輕鬆完成囉！

書中介紹基本的托特包、購物袋、筆袋、肩背包、水餃包、收納包、旅行包……一共27款作品，俐落的款式，永遠不退流行。作者特別針對家用縫紉機的特性，設計了可以在家中製作的包款，運用配色的小訣竅，作出充滿個性味的帆布手作包吧！

家用縫紉機OK！
自己作不退流行的帆布手作包

赤峰清香◎著

平裝／96頁／21×26cm／彩色＋單色

● 定價300元

親子時間：法式布盒快樂作！

如果大人也能幫忙，小朋友也可以完成喔！還是法式布盒的最大魅力！
加上刺繡後，就能成為自己僅有的寶貝喔！就由井上小姐來教大家如何製作吧！

◯攝影　森村友紀　◯文字・編輯　大村真紀子

製作＝井上 Chigusa & Chihiro
開設法式布盒與刺繡教學的「Claire工作室」。在http://sweethome358.com/ 網頁裡有Chihiro的插畫和Chigusa小姐的作品介紹。

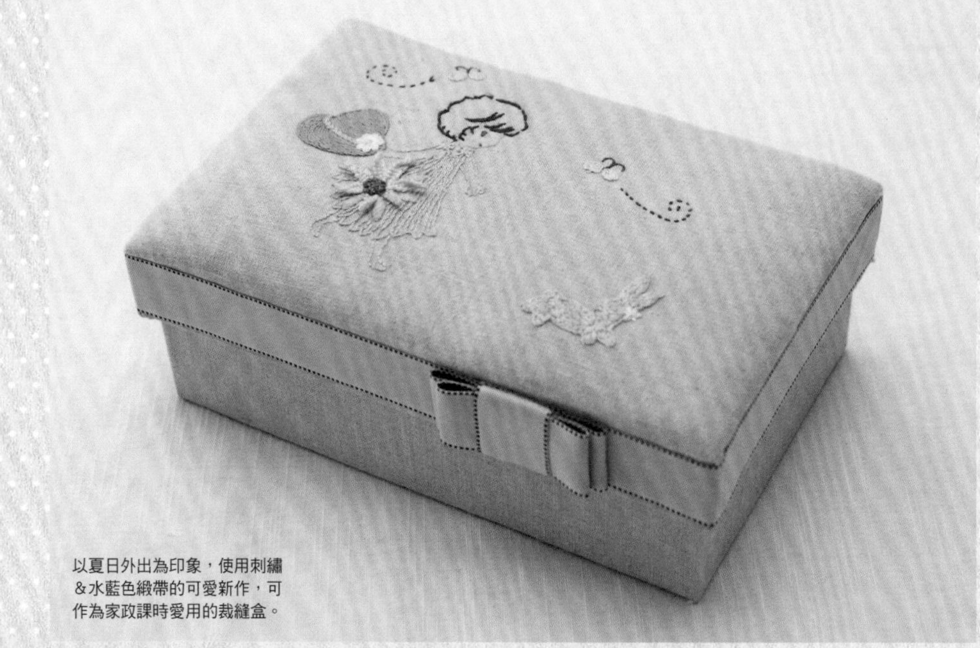

以夏日外出為印象，使用刺繡&水藍色緞帶的可愛新作，可作為家政課時愛用的裁縫盒。

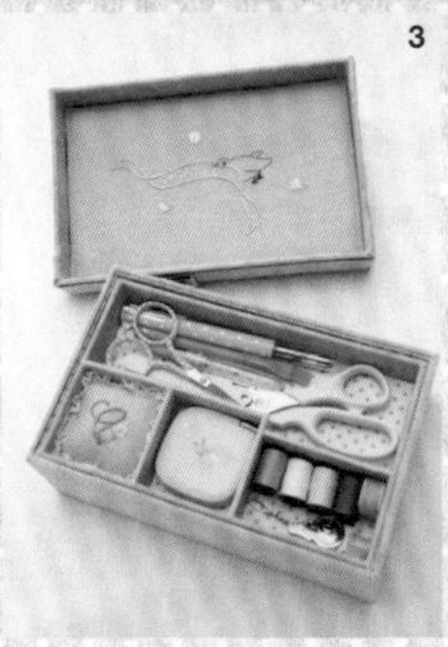

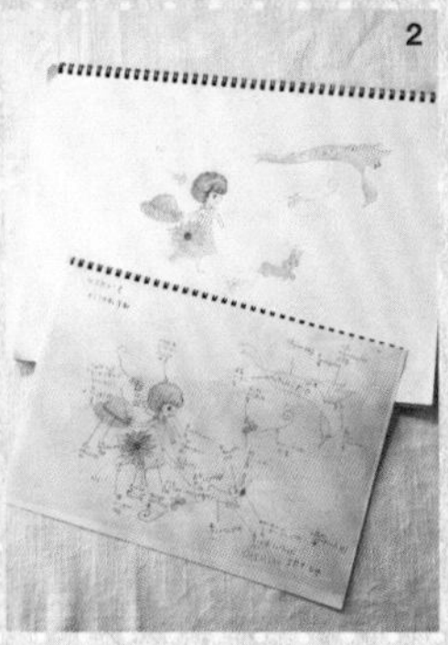

1 以長短針繡繡出的兔子，對小朋友而言是困難的繡法，但也仔細且漂亮地完成了！
2 為了不破壞原畫的插畫氛圍，Chigusa小姐幫忙找出顏色及刺繡針法。
3 內部加上有隔間的置物盤，是立即拿取縫紉工具的小巧思，Chihiro將名字不經意地繡在布盒蓋內上。

小朋友也會愛上の法式布盒世界

教導學生將法式布盒與刺繡組合成作品的井上Chigusa小姐，小學六年級的女兒Chihiro，最拿手的則是想像著故事內容設計插畫，是一對喜歡手作的母女檔。

兩人開始一起製作作品，是從四年前暑假的自由研究開始，把插畫運用在刺繡上，從製作的氣氛中享受著法式布盒，讓Chihiro完全專注於其中。

「為了回應對作品感到興趣的女兒的朋友們的要求，我試著教大家製作法式布盒，結果大獲好評……在那之後，暑假就專門為小朋友開班了！孩子們具有連大人都比不上的集中力和巧思，每一次都讓我感到驚喜。參考基本作法，就可以記錄下暑假的回憶，要不要和小孩一起挑戰法式布盒呢？」

發揮自由想像，讓人心情愉快の學生作品

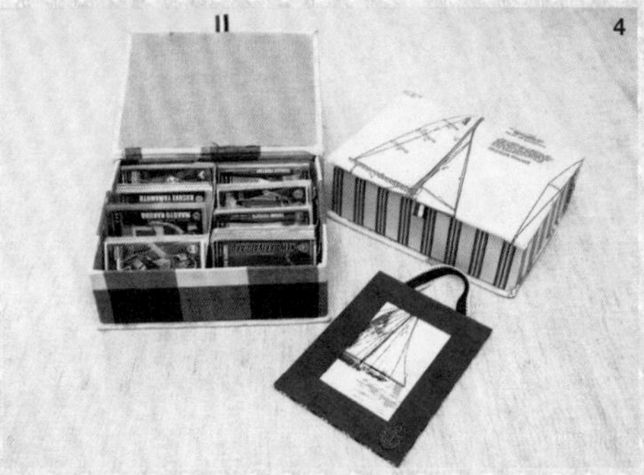

1 兒童班學員製作的基本款布盒。不同布的組合，可以呈現出不同個性的作品。
2 繡出自己的畫作，再請媽媽幫忙完成的手提包，是小朋友們的寶物。
3 提籃、資料夾，高年級女孩子們的作品，讓人心情愉快的布小物。
4 比較偏向男孩配色的兄弟作品，為了可以收藏卡片，展現了許多巧思。

從這裡開始介紹基本的作法，和小朋友一起來挑戰吧！

需要的工具＆材料

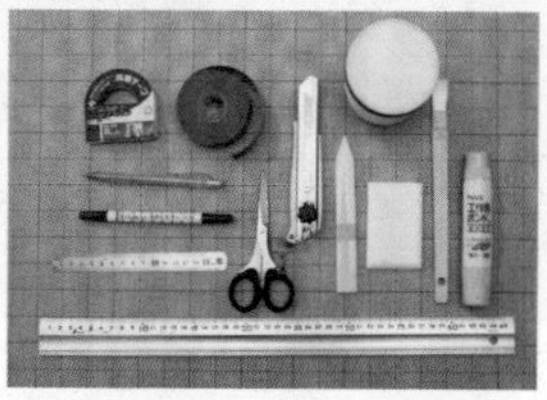

切割墊、鐵尺、剪刀、美工刀、2.5cm寬的牛皮紙膠帶、毛刷、骨筆、粉土筆、自動鉛筆、雙面膠、白膠（為了讓刷子容易塗的均勻請事先加水攪勻）

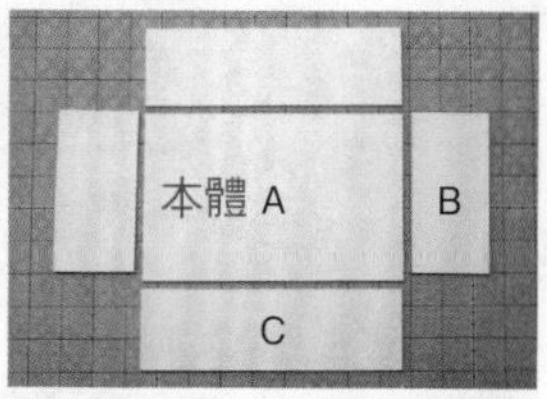

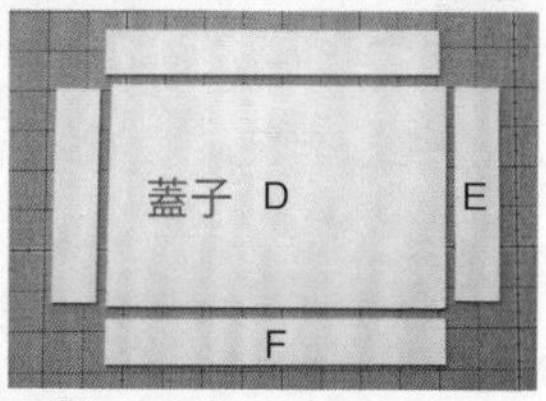

厚紙板（硬紙板2.5cm）
A 20.5cm×12.9cm（本體底部）1片
B 12.4cm×6.2cm（本體短側面）2片
C 20.5cm×6.2cm（本體長側面）2片
D 21.4cm×13.8cm（蓋子上）1片
E 13.3cm×2.8cm（蓋子短側面）2片
F 21.4cm×2.8cm（蓋子長側面）2片
白報紙
19.9cm×12.3cm（本體內底部）1片
19.9cm×5.8cm（本體內長側面）2片
12.1cm×5.8cm（本體內短側面）2片
20cm×12.4cm（本體外底部）1片
20.7cm×13.1cm（蓋子裡）1片
布（表布）
70cm×9cm（本體外側面）1片
22cm×14cm（本體外底部）1片
37cm×29cm（蓋子表）1片
布（裡布）
22cm×14.5cm（本體內底部）1片
22cm×8cm（本體長側面）2片
14cm×8cm（本體短側面）2片
23cm×15cm（蓋子裡）1片
緞帶2cm寬×74cm

製作本體

1 準備貼在本體內側的牛皮紙膠帶，對摺，末端事先剪成45度斜角。

2 在厚紙板A的邊貼上塗好白膠的B，把C緊貼在B的中間，即可將本體組合。在內側各接合邊以牛皮紙膠帶補強。

3 在側面塗上白膠後，在本體外側面貼上布（喜歡的布）。在開始捲的地方留1cm的布邊貼合在直角處。

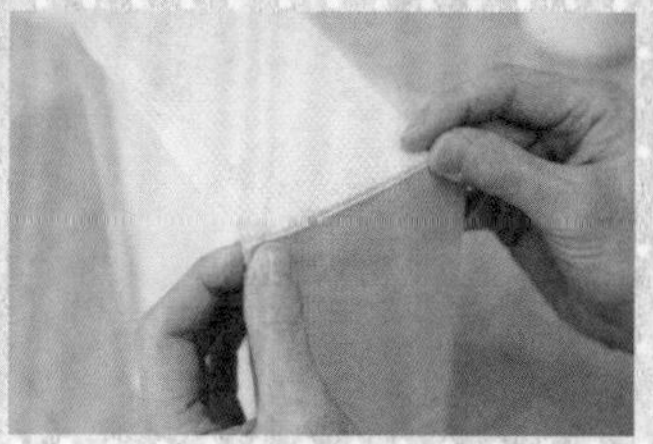

4 包好最後的地方預留1cm上膠的布邊後剪掉。配合直角接合處向內摺，將預留的布邊上膠之後貼在本體上。

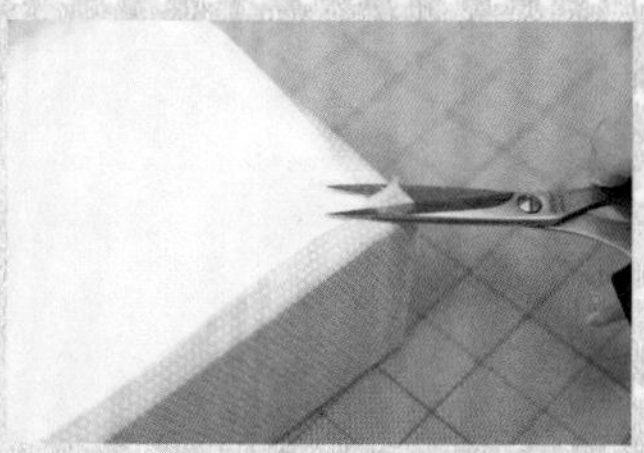

5 在底部預留上膠布邊，以剪刀挑起剪成45度角貼平，並且在外側底部貼上白報紙。

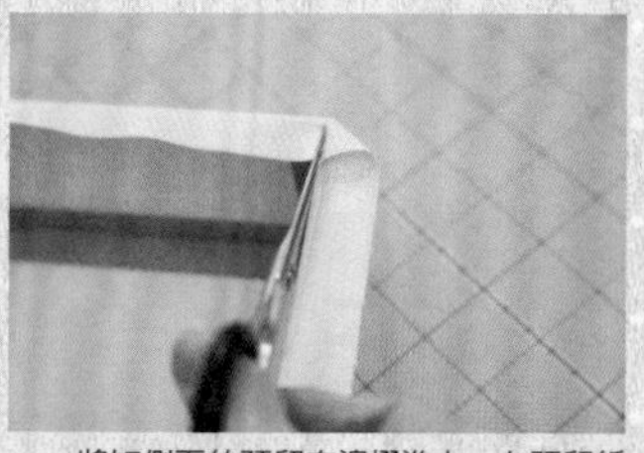

6 將短側面的預留布邊摺進去，在預留紙板的厚度的布邊剪一刀，與本體內側接合，厚紙的厚邊不要忘記塗上白膠。

7 將長側面預留布邊重疊的部分剪掉，稍微摺一下布邊的角，用樹脂將變硬的長側面預留布邊往本體內側接合。

8 在本體內底的布裡側貼上白報紙，預留1mm的布邊四角後，剪成45度角。

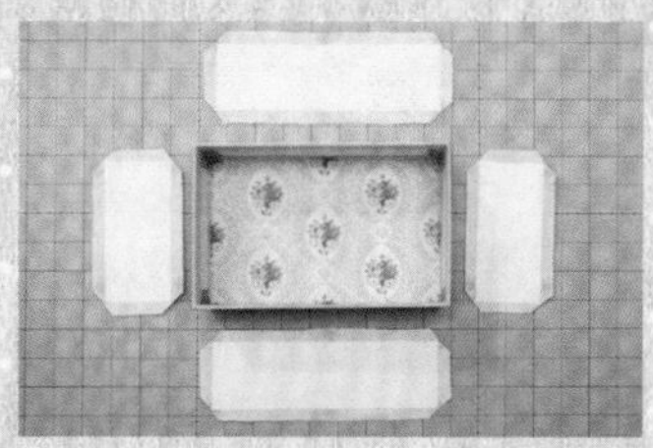

9 同樣的作法，在本體內長側面與短側面的白報紙貼上布，剪下預留布邊的四周，將8的預留布邊立在側面上後，貼於內底。

10 長側面的上下預留布邊往內摺後，再將短側面上下預留的邊摺好，與白報紙接合後再貼在本體內側。

製作盒蓋

11 和1、2一樣將厚紙板D至F組合後，貼在蓋子布裡的中央。從各個側面的加長線上畫1cm的記號線，剪下四角。

12 預留厚紙板的厚度部分2mm，在預留布邊四角的45度角剪一刀。

13 將長側面的預留布邊貼在蓋子的側面之後，把短側面的預留布邊向內摺貼好。

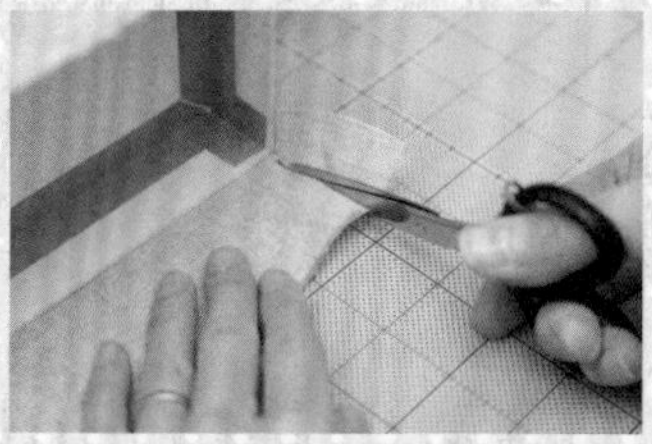

14 長側面的預留布邊留下厚紙板的厚度，在內側面的加長線上剪一刀。

15 將剪好的預留布邊再剪掉一半左右，貼在蓋子的內側。

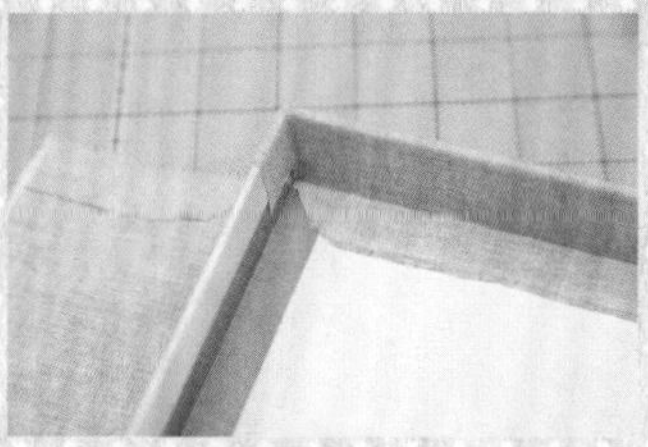

16 把長側邊的預留布邊貼在蓋子的內側，與蓋子側面的接合邊剪成45度角即可完成。

17 將短側面的預留布邊貼在側面上，在蓋子內側面上的加長線畫記號線，剪下後貼在蓋子內側。

18 另一側完成。如圖與厚紙板厚度的接合處形成45度角後，剪下預留布邊再貼上會比較漂亮。

19 把蓋子內側的裡布平整的貼在白報紙上，在裡布上隨性的添加刺繡，顯得更加時尚。

20 蓋子的四角如果作得不夠漂亮，可以貼上緞帶作為掩飾。

Book Information

拼接・讓布作有了無限可能

刺繡・蕾絲・布料・異材質
沿著細緻的針趾，感受最迷人的創作樂趣。

異材質
多工時尚手作包

達人流
異材質・多工時尚手作包

韋瓊玉◎著

平裝／120頁／19×24cm／全彩

● 定價 450 元

Stitch Your Life

春・日・特・搜

PART.1

口金＋刺繡＝？

口金職人 Kellyの私房口金教室

PART.2

青木和子の花草小旅行

PART.3

生活好器

手作家の刺繡 Story

- **繪本風刺繡雜貨家──朝露**
- **女設計師的老收藏與新創意──茶麻**
- **充滿回憶的手作禮物──粒子**

PART.4

春日漫遊・女孩花作

蒲公英髮夾

跟著Kelly一起愛刺繡愛口金

作品設計・製作・文字／Kelly
攝影／數位美學 賴光煜

五年前出版了兩本口金書後，我以為會倦了、膩了，不再作口金包，因為手作的世界裡不是只有「口金包」一個選項，口金真的是個小手作啊！也許我想傳遞的口金包不再是舊時代的媽媽包，它可以很時尚，很可愛，很典雅，很華麗……這個觀點被大家接受了，所以掀起了好一陣子的口金風潮，這點讓我感到很窩心也與有榮焉，但也誠惶誠恐，看著自己寫的書，看著自己的優點與缺點，「這裡可以更好，那裡也許可以多加一點……」好一陣子，這個情緒干擾了我前進的腳步。

於是覺得，我應該增加自己的內涵、技能，所以開始了漫長的再學習之路。拼布、造花、畫畫……凡是能幫自己作品加分的我都去學習。四年前，因緣際會在職訓中心教授口金包的製作，職訓中心也有基礎刺繡課程，便嘗試著開始一針一線的刺繡，雖然疑惑，在這快速手作的年代，誰要耐著心去作這古老的手藝？但刺繡時的一心一意，給了煩躁的我安定的靈魂，試著把刺繡加在口金上，我真切地愛上那樣優雅的感覺，「口金＋刺繡」，這本來就是靈魂相近，相輔相乘的好結合。

翻著出版過的口金書，那時也有嘗試「口金＋刺繡」的作品，如今看來真的很汗顏啊！我努力一針一線的繡著，然後完成一個個口金與刺繡的結合，一年、兩年、三年，我因為刺繡又愛上作口金，這倒著來的結果，十足讓我發現自己的口金魂回來了！

接下來，希望大家跟著我在這單元一起愛刺繡，一起愛口金包吧！

小編會客室
關於 Kelly の私房大小事

Q1 此次單元設計作品的想法，圖案設計的靈感來由。

A 剛開始除了跟專業的老師學習基礎正確的針法外，坊間的刺繡書很多，一開始會多試著按照書裡的繡帖去繡。但久了就覺得花這麼長的時間刺繡，為何不嘗試自己設計圖稿呢？這次設定的是「翠珠花手機口金包」，就是尋找「翠珠花」的圖片後，再設計圖稿完成的喔！

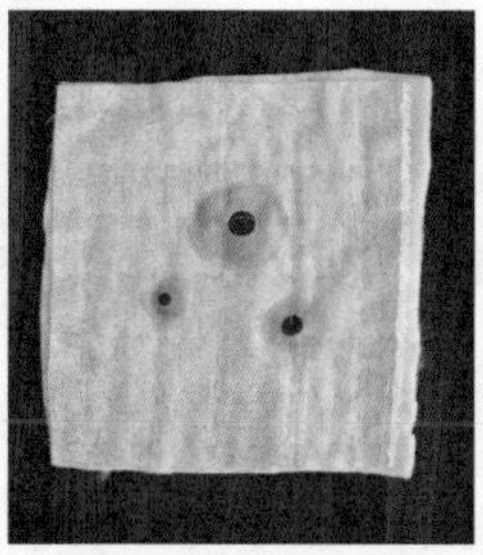

Q2 是否可分享喜愛的刺繡用品&將口金包與刺繡結合的祕訣？

A 其實我使用的用具十分一般，一個適合手握的十公分繡框、刺繡針、剪刀、布、繡線，並沒有太多複雜的用品。因為要作口金包，會使用鋪棉，將棉和布疏縫再刺繡，所以連繡框都不使用，這是我習慣的方法，但要拿捏線的鬆緊度，避免過緊，當然也可先繡在布上後再加鋪棉，但如果這樣製作，就一定要加上繡框。

Q3 休息了一段時間，KELLY 都在忙些什麼呢？

A 從頭學習拼布，不停的研究「刺繡＋口金」、畫畫、雕塑、學習寫作……不斷地學習再學習。

Q4 何時會有新書再度與讀者相見？

A 現在能藉由《刺繡誌》與喜歡口金包的朋友相會，就是萬分幸福的事了！其他的就交給緣份了（笑）。

Q5 給刺繡誌創刊號的祝福。

A 希望《刺繡誌》能讓更多人喜歡刺繡這門可簡單卻並不簡單的工藝，然後長長久久熱血的出版下去！

KELLY小檔案

手作年資：2005起到世界末日的最後一天。
喜愛的顏色：無特殊喜好。
喜愛的花：繡球花、蕾絲花
座右銘：活得自信，但卻不自滿的做自己！
熱愛的收集品：布、書、線材、線材圈、杯子……
出版著作：《是口金包耶！》
《Kelly's 私房口金包》

Kellyの刺繡
私藏品大公開！

Kelly收集的各色繡線色卡。

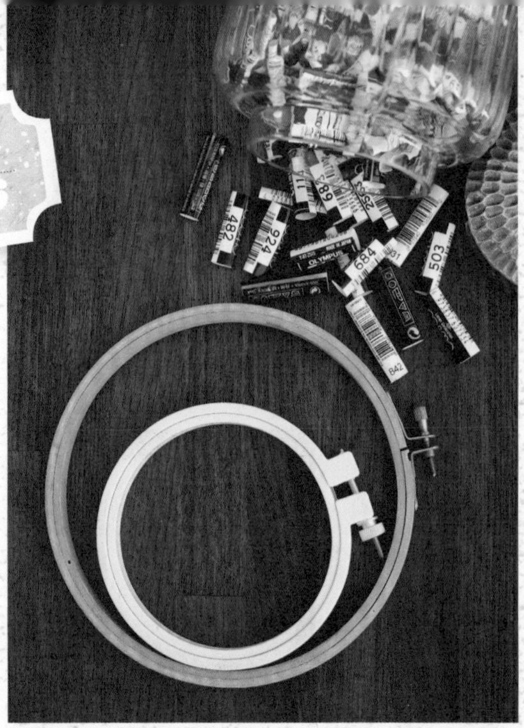

這是Kelly愛用的繡框和繡線套收納罐，她習慣將用完的繡線套保留下來，可當作紀念，更是提醒自己繡過這麼多作品的回憶累積。

各式繡線＆刺繡針。

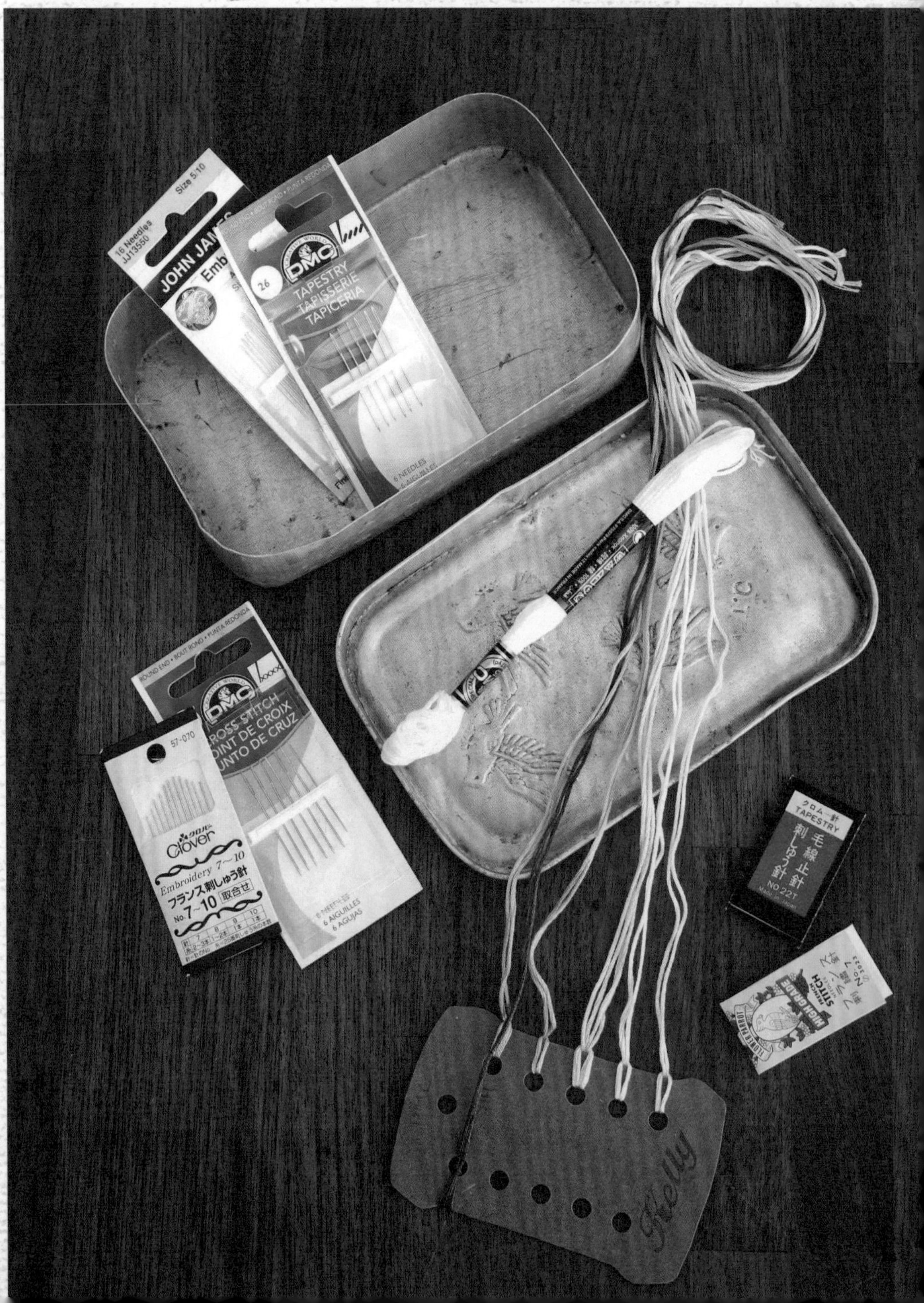

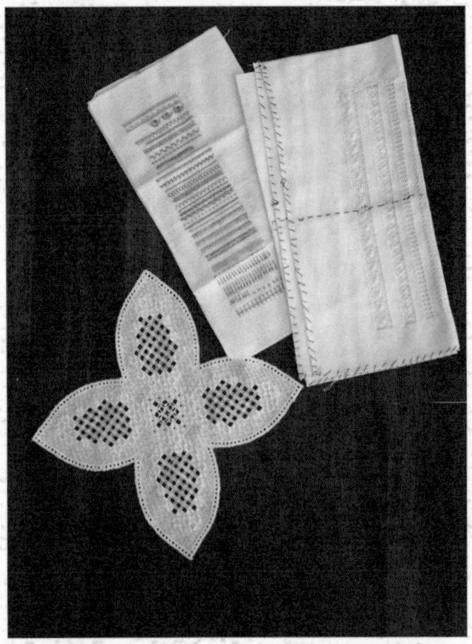

刺繡用練習繡布。Kelly習慣在繡布上練習各式針法，基本功可是非常重要的喔！

18.5×24 cm
167頁／彩色＋單色
● 定價：380元

19×25.5 cm
160頁／彩色＋單色
● 定價：380元

Kelly 教你 如何整線！

將繡線套拿下，取出繡線。

將繡線打開，分成一半，對摺成為四段，再對摺使之成為八段，以剪刀剪開兩端。

將線穿入自製的繡線收納板，在線板上寫下繡線號碼即完成。

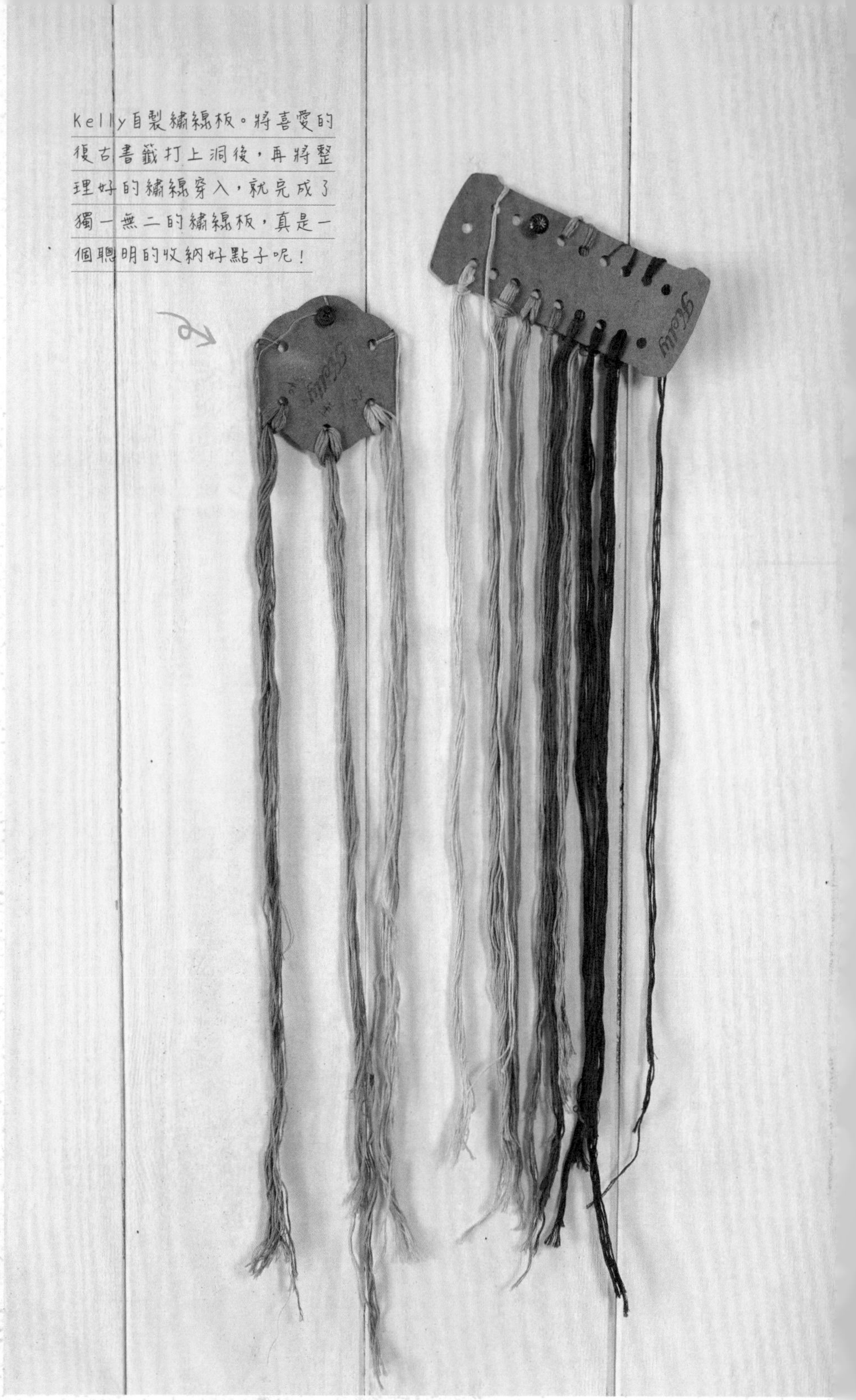

Kelly自製繡線板。將喜愛的復古書籤打上洞後，再將整理好的繡線穿入，就完成了獨一無二的繡線板，真是一個聰明的收納好點子呢！

Kelly 教你 基本繡法：鎖鍊繡

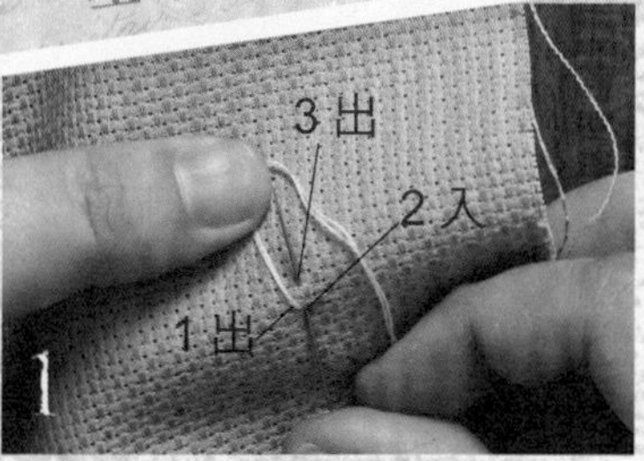

1出→2入→線置下方，3出。

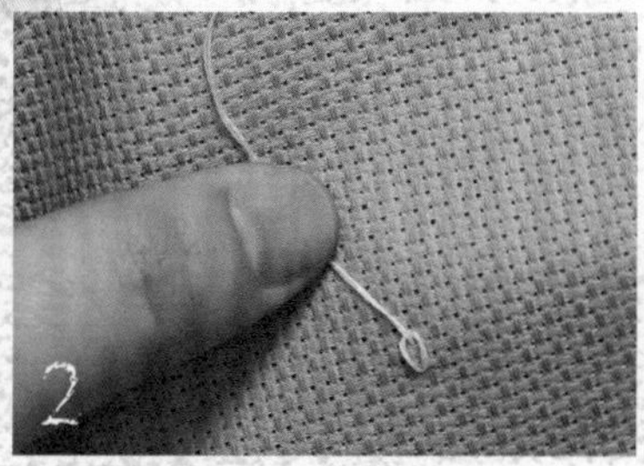

將線拉出後，以手指按壓。

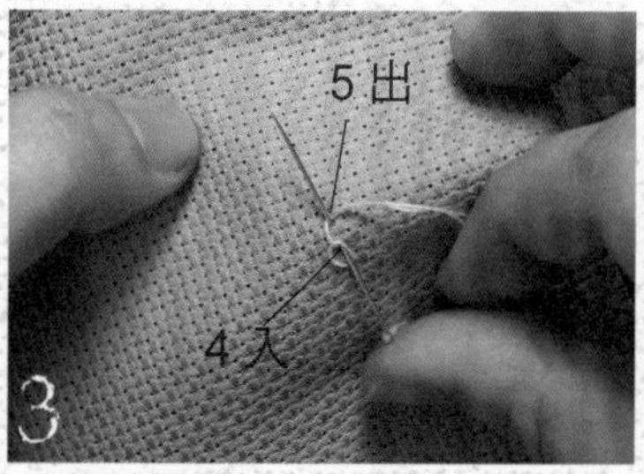

4入→線置下方，5出。

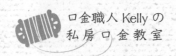

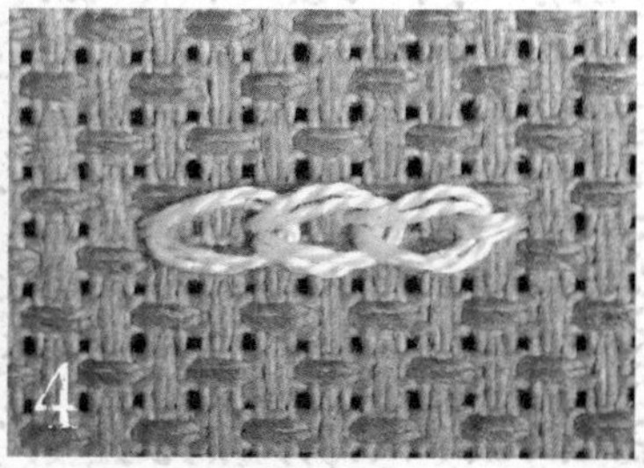

以此方法完成鎖鍊繡。

翠珠花手機口金包

攜帶智慧型手機外出，
總是為了保護套而傷透腦筋，
讓大螢幕手機也可安心放入的口金包設計，
兼具優雅美感及高度實用性，
讓冷冷的科技產品
也有了手作暖暖的貼心溫度。

How To Make

（手機尺寸參考：寬 10cm× 長 15cm，請依手機尺寸調整紙型長度）

●材料

表布	寬 20cm× 長 25cm	兩片
鋪棉	寬 22cm× 長 27cm	兩片
裡布	寬 20cm× 長 25cm	兩片
半圓弧口金	寬 11cm× 高 5cm	1 個

繡線（請參考 P.79 繡線表）

7 號刺繡針、5 號刺繡針（尖針）

※ 口金作法請參考《是口金包耶！》P74 至 P79。

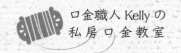

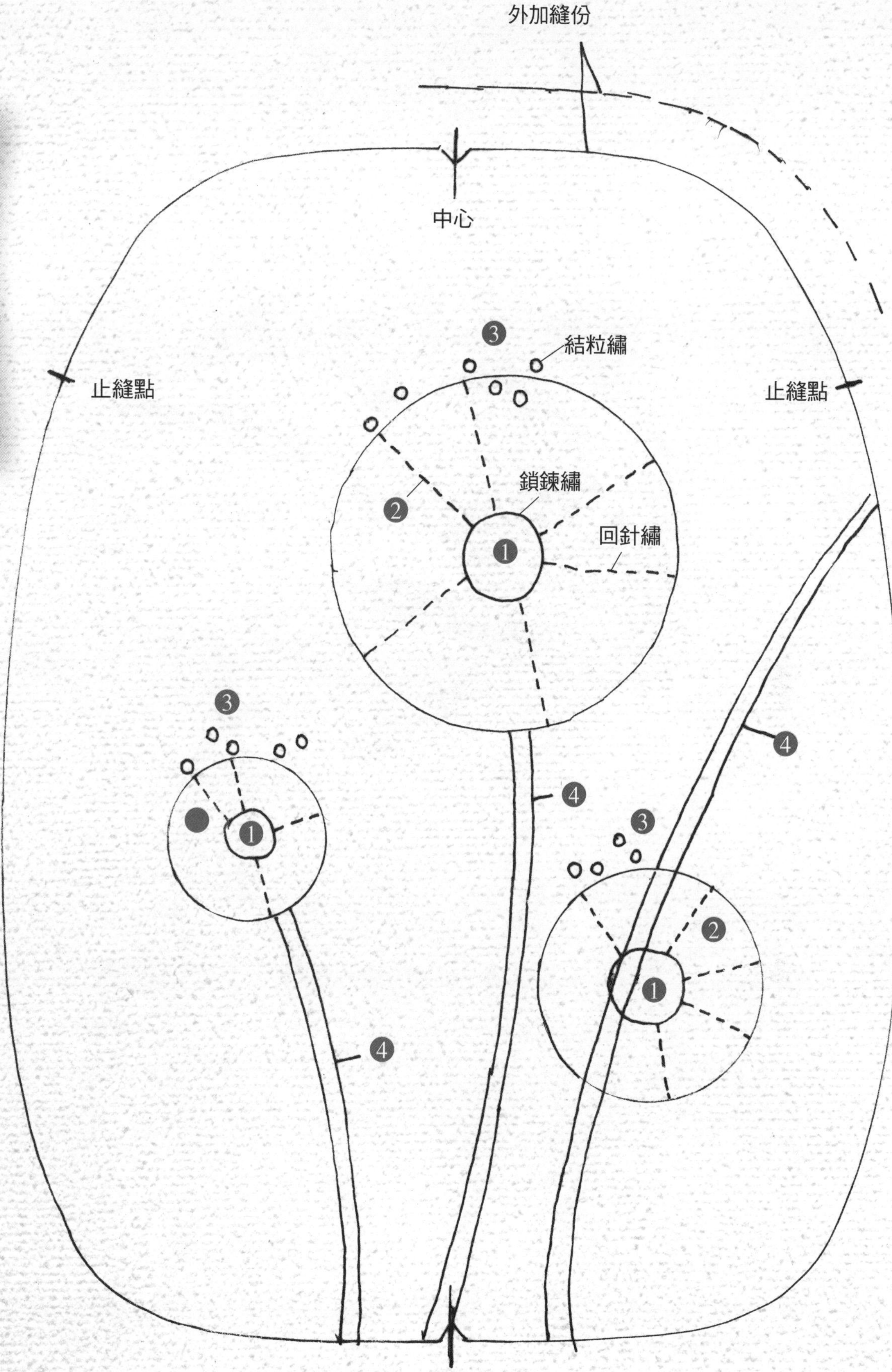

※kelly 熱心提供兩種品牌繡線色號，您可自由選擇運用。

DMC：

❶ 341（2 股）
❷ 368（2 股）· 928（1 股）
❸ B5200（6 股）· B5200（3 股）· 762（3 股）
❹ 561（2 股）

COSMO：

❶ 524（2 股）
❷ 371（2 股）· 315（1 股）
❸ 2500（6 股）· 2500（3 股）· 151（3 股）
❹ 2319（2 股）

※ 基礎繡法請參考 P.98 至 P.99

我想去英國的田野，
看看此刻那裡正盛開著什麼樣的花。
到英國觀賞田野的旅程，
不只是看那盛開著野花的草場，
還有心儀已久的庭院，
想呼吸花市上愛花人身上散發的氣息，
再看看栽種於市內的花。
出門前隱隱有些不安，
可是從倫敦開往萊昂的火車窗戶，
看到連綿起伏的綠色山丘、
在草地上悠然吃草的羊群、
冷清車站背後茂密的荷蘭芹，
不知不覺就放鬆了……

拉伊小鎮

坐落於山丘上的港口小鎮拉伊，鎮中心有一座教堂，只要步行就能繞完一圈。古香古色的各式院子並排於街道，入口處都掛著印有門牌號、○○ cottage或○○ house 的名字和繪畫的門牌。我每天早晨散步時，就醉心欣賞著每家每戶的獨特設計。有一天在散步時，我發現了一家賣雜貨和亞麻布的店，就決定買一瓶整修花園時用的護手霜。當我跟老闆娘說到自己平日因為喜歡動手整修花園，讓手變得粗糙所以需要護手霜時，老闆娘眼神立刻閃爍光芒，說她以前曾是一位花藝設計師，現在鎮上還有幾處的花園就是由她設計的呢！對了，她的店名是 forget-me-not。

所以，我在明信片收納盒上，繡上了勿忘草花環。

青木和子◎著
平裝／96頁／19×24.5cm／彩色
● 定價320元

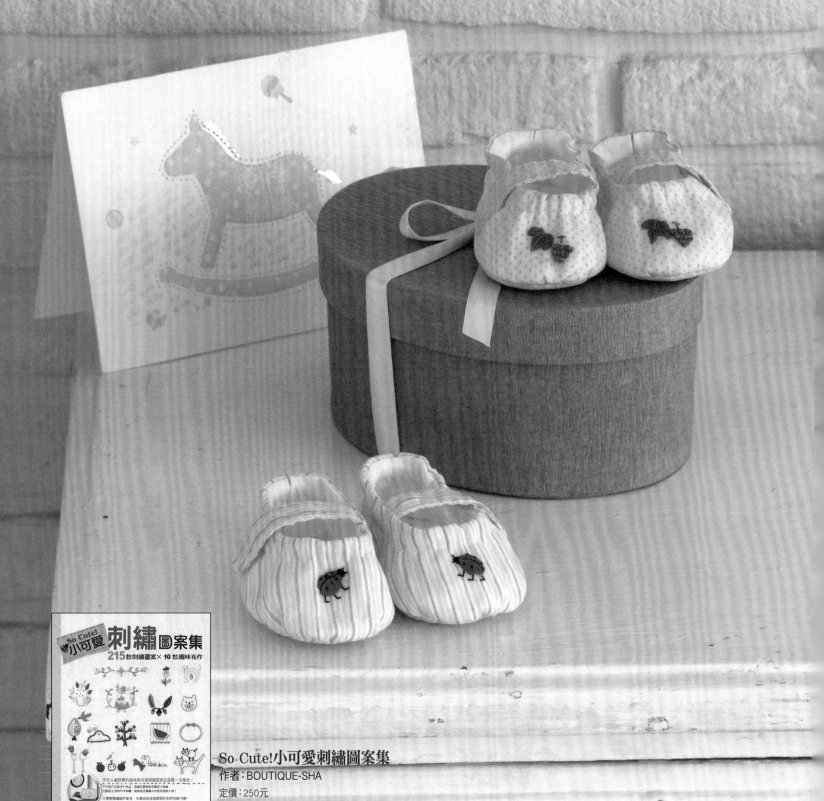

生活好器
手作家の刺繡 1
Stitch Story

繪本風刺繡雜貨家

——以針線素描生活，感受情味的刺繡 ideas

攝影・文字↓永無島 島主・朝露

2009 年，
我以「家」作為創作的主題畫了圖，
把這些圖案拿來製作實用的布雜貨，
刺繡的作品經過時間的洗練，會散發出一種自然的舊感，
如果是自己親手製作，就更加迷人。
繡上一小段短短的文字、紀念的日期，
歪歪扭扭的也不要緊，記住這美好時刻。

by 朝露

從傳統拼布到自己創立「永無島」品牌，朝露用她的一針一線，說出生活中幸福的小故事。

「她的刺繡圖案，沒有多餘修飾，簡單的顏色和線條、誠懇的赤子心，就是永無島品牌的靈魂；她的布偶樸質古拙，摸起來又紮實又緊密，像是不會改變的情感和友誼；她為家人好友用心勾勒的一則又一則布作品，每一件都是最重要的禮物，灌注了虔誠祝禱的心意。」她的朋友粒子這樣說……

溫暖的創作能量，就像她元氣十足的聲音一般，總能給人滿滿的動力，城市裡的生活即使忙碌，不妨停下腳步，看看永無島上自由的風景。

本書藉由布用顏料作出繪本風格般的圖樣，應用在實用度高的作品上。圖繪式的刺繡在日本有流行趨勢，沒有難度高的技巧，在樸素中多了一點氛圍，是穿梭針線之間的溫暖情味！

Stitch
小壁掛

圖案→ P.111

家・繪本風刺繡雜貨
——以針線素描生活，感受情味的刺繡 ideas

朝露◎著
平裝／128 頁／19×24cm／彩色
● 定價 350 元

●材料

背布 50cm×50cm 1 片
胚布織帶 15cm×4.5cm 3 片

表布：
印花布 50cm×4.5cm 1 片
印花布 41cm×4.5cm 1 片
印花布 10cm×18cm 1 片
印花布 20cm×4.5cm 1 片
印花布 16cm×4.5cm 1 片
印花布 4.5cm×4.5cm 1 片
印花布 23cm×9cm 1 片
棉麻布 9.5cm×4.5cm 1 片
棉麻布 13cm×18cm 1 片
棉麻布 23cm×23cm 1 片
棉麻布 23cm×9cm 1 片
棉麻布 18cm×18cm 1 片

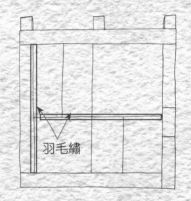

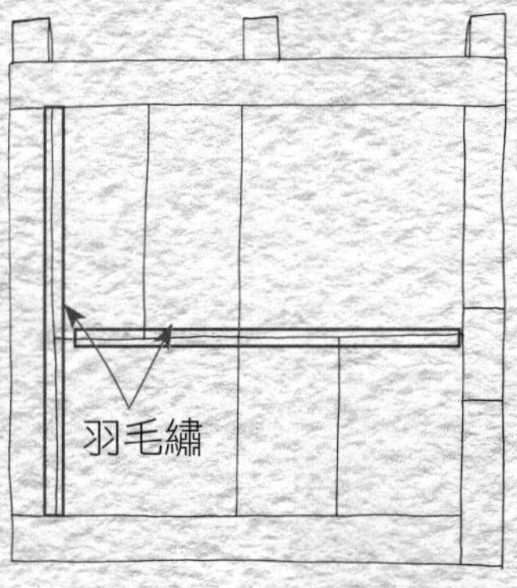

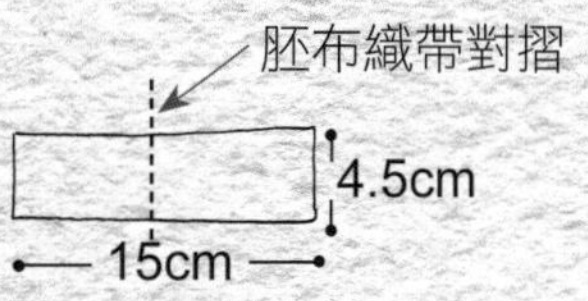

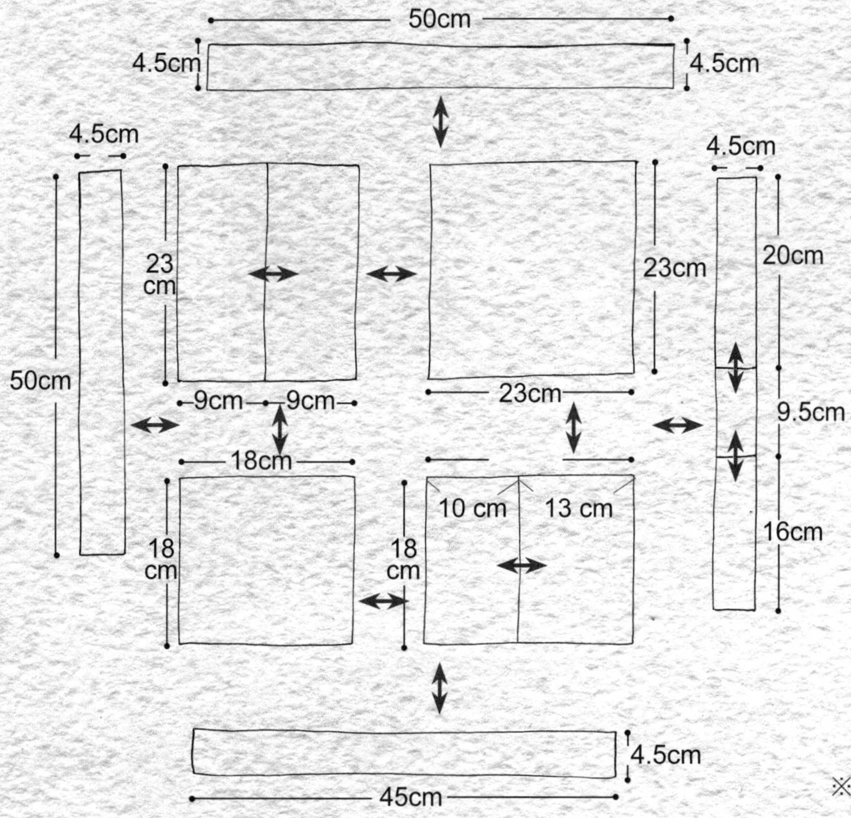

1 分別在四片棉麻布上（23cm×9cm、18cm×18cm、23cm×23cm、13cm×18cm）依喜愛圖案完成貼布刺繡。

2 依右圖拼接布塊。

3 拼接完成後，紅線標示處以羽毛繡裝飾。

4 熨燙表布，固定好織帶位置。

5 表布與背布正面重疊對齊，車縫四邊，留返口翻面。

6 縫合返口。

※ 其他圖案請參考「家・繪本風刺繡雜貨」一書。

生活好器 手作家の刺繡 2 Stitch Story

古董・手作・雜貨：

發現女設計師的老收藏與新創意

1999年，獨自到了東京，
開始了我的留學生涯。
也就在那時候，我遇上了縫紉的老東西……

by 茶麻

說到我與縫紉的緣份，那就得由兒時說起了。

從幼稚園時期，外婆踩著縫紉機以大報紙幫我作睡衣的身影，便一直在我的腦海中；上了國小，媽媽帶著我一起玩十字繡、鉤針……學美術的父親教會我畫圖，當我耍賴時，還會當起我的救火隊。到了大學，父母親帶著我去伯伯的成衣工廠，帶回了我人生中第一台自己專屬的縫紉機，而我也開始真正開始接受正規的設計教育。

我熱愛手作、充滿故事的老東西、質樸的感覺跟歲月刻畫的痕跡，也喜歡溫暖的感覺和友情，希望大家也能感受到這種單純的幸福。

茶麻◎著
平裝／160頁／14.7×21cm／彩色
● 定價350元

Stitch
歐風刺繡提袋

圖案→ P.111

●完成尺寸

27cm×31cm

●材料準備

表布 28CT 麻布	30cm×65cm	1 片
裡布	30cm×65cm	1 片
提把麻質織帶	42cm	2 條
各式蕾絲		數款
紙襯	27cm×62cm	1 片
DMC25 號繡線	色號 # ECRU	1 束

How To Make

1 依照刺繡圖稿，將圖案以一股繡線抽取兩條織紋的方式於表布上進行刺繡。

2 將表布裁為兩片，並於背面貼合紙襯。

3 將蕾絲車縫於表布。

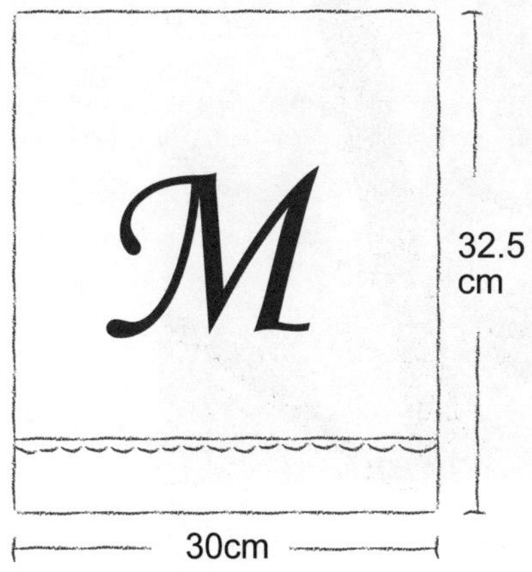

4 將蕾絲以星止縫技法固定於提把上。

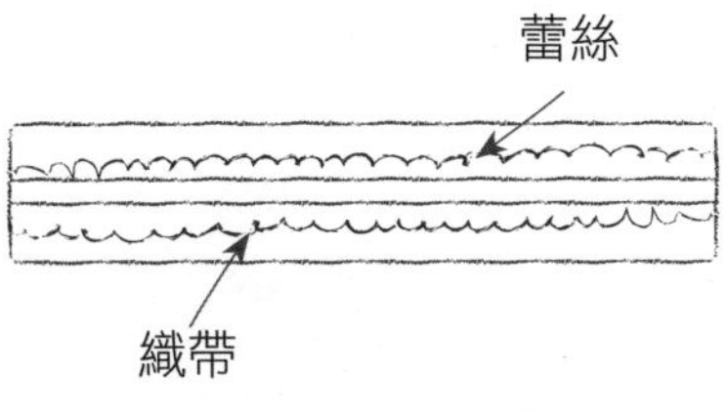

5 分別將表布與裡布正面相對，車縫三邊，於裡布留一返口。

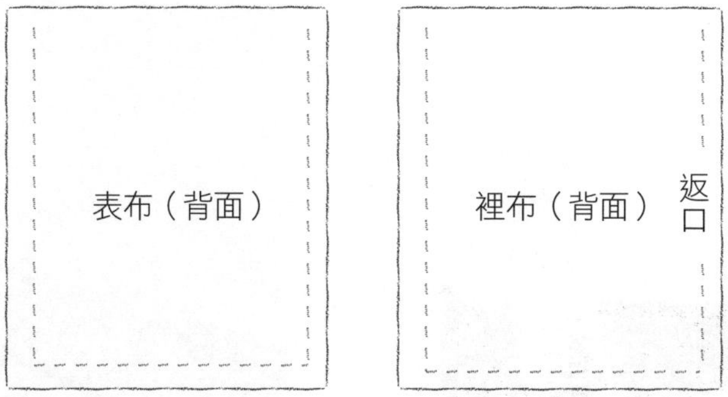

6 將提把固定於表袋身的袋口處，中間距離 7.5cm。

7 以正面相對的方式，將表袋套入裡袋中，並車縫袋口一圈，縫份 0.7cm。

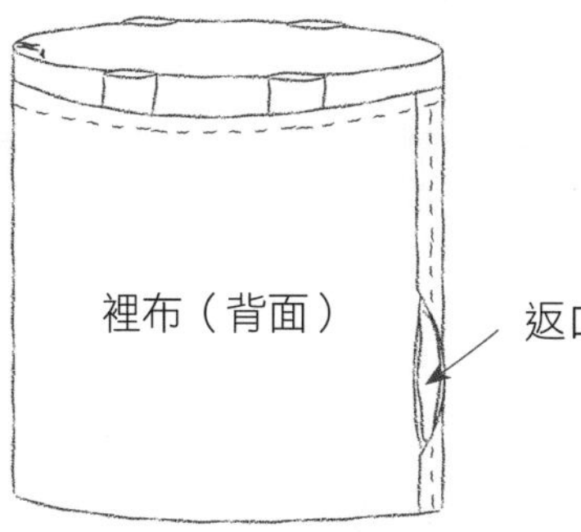

8 翻至正面後，以藏針縫縫合返口即完成。

因為是為了對方當時情況而設想的禮物，
是自己慢慢思考設計的，
於是，當時的想法便一針一線累積出來厚實的溫度，
融入布料溫暖的觸感，
就這樣完整傳達至作品裡，注入了當時創作的感情。

by 粒子

生活好器3 手作家の刺繡 Stitch Story

やっぱりナチュラルな雑貨が好き

充滿回憶的手作禮物

沒有比手作品更能傳達情感的禮物了

攝影・文字↓粒子

粒子◎著
平裝／160頁／14.7×21cm／全彩
● 定價320元

也許是感謝的心意、關懷的心意，或者對於朋友邁入另外一個新階段的滿滿祝福，透過了自己的雙手，作品就可以表達出心裡不好意思說出來的一字一句。

因為開的是手作雜貨店，身邊的好朋友幾乎都是創作的老師。很幸運的，我經常收到朋友們手作的禮物。有時候是布娃娃、有時候是當時生活所需的大小包包、手作服。心心出生之後，收到的每一樣手作禮物，我都可以感覺得到身邊朋友們傳來的暖暖祝福。是當時日夜顛倒很辛苦的生活裡頭，很大的鼓勵。我收到的手作禮物，大約可以寫成一本書，限於篇幅，先短短分享跟心心出生時有關的。

雖然自己不是專業的手作人，但我仍然很想幫心心製作可愛的用品。孩子的衣服和小用品其實都不會太難製作，親自選擇布料，搭配可愛的顏色，想像著心心使用時的畫面。雖然有孩子參與的生活很忙碌，可以找到手作的時間很難得，累積小小的時間也能作出值得回憶的用品。

Gift
粒子的手作禮物

懷孕的時候幫心心準備的小禮物其中一項，是每個媽媽都很想幫寶寶完成的一雙嬰兒鞋。可愛的藍色格子加上海錨小釦子，一直到現在我都覺得當時應該跟肚子裡的寶寶有心電感應，真是個適合心心個性的顏色。

●手作寶寶服

儘量選用好一點的布料，因為是孩子要穿的，當時選擇的是朋友店裡的植物染的有機栽培棉布。這是適合八個月的寶寶穿的版型。一件短背心加上可愛的小褲子，不能穿的時候也可以好好收藏。

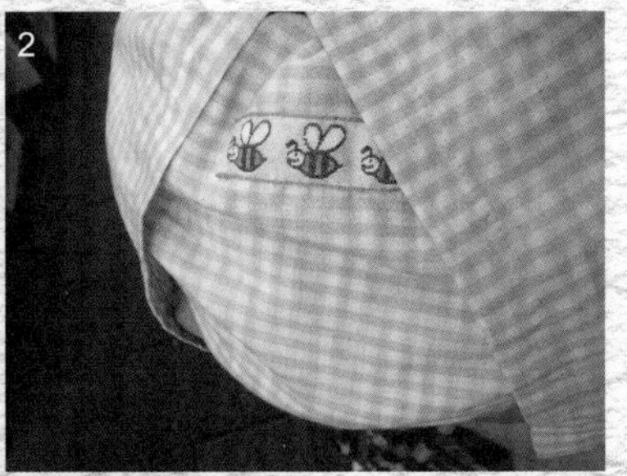

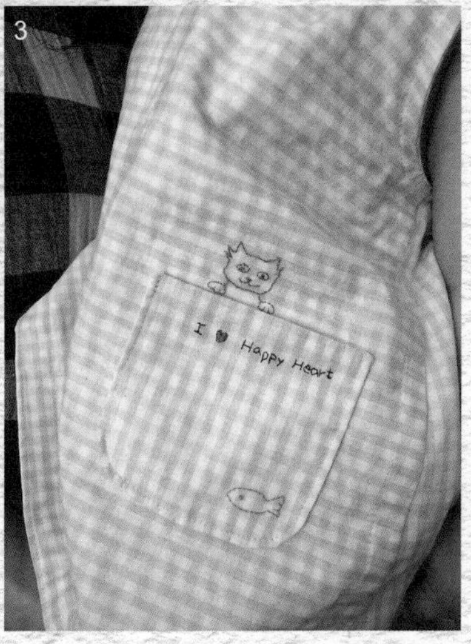

1 即使穿不下了，我還是一直把這件衣服留作紀念。
2 屁股上是可愛的蜜蜂織帶。
3 粒子的手作寶寶服，繡上淘氣的力貓口袋。

●手作寶寶鞋

藍色格子的寶寶鞋看起來格外有精神。

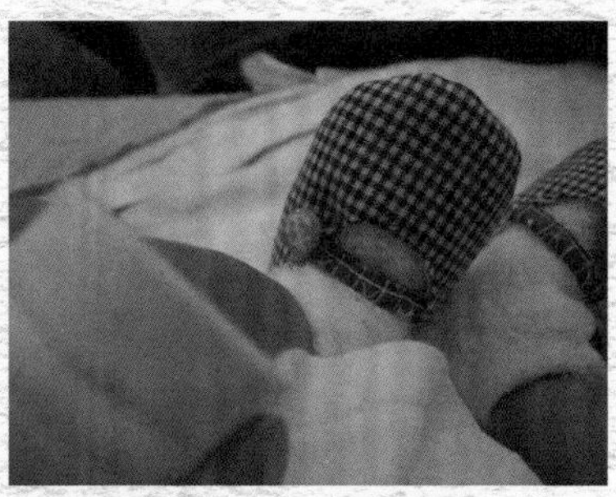

搭配船錨圖案的釦子也很可愛唷！

●有機布格子熊

利用作完衣服剩餘的零碼布，我另外作了一隻格子小熊，既然所有娃娃都逃不過寶寶的大嘴巴，所以越是選用天然材質越安全。

粒子以植物染製作的安心小熊。

被啃得濕濕也沒有關係。

●枕套＆小被子

心心一歲多時臉頰上因為異位性皮膚炎總是紅紅腫腫，因此接觸到臉頰的物品我都儘量使用自然的布料，使用植物染二重紗製作的小枕套和小被子，陪伴心心每天安心睡覺。

粒子以植物染製作的枕套＆小被子。

生活好器 × 小編報告

We want you!

手作人愛繡募集 Ing!

生活中的小幸福，
是一點一滴的手作累積……

跟著青木和子的刺繡旅行，
我們發現生活的小確幸來自對世界的好奇心。

聽朝露分享的刺繡小心情，
我們知道手作是帶給家人朋友幸福的原動力。

看茶麻收藏的復刻點子，
我們開始學會珍惜身邊經典舊有的美麗回憶。

現在，換你用創意與我們分享你的生活好器吧！

刺繡可以幻化成文字、圖案，
表現在眾多生活用品上頭，
舉凡大小提袋、面紙盒套、
鉛筆袋、沙發套、布書衣……
實用的布作，都有自己的刺繡 Style！

寫下你的生活好器 Story，
就有機會在《刺繡誌》上登場，
與人氣作家們一起大秀創意喔！

- 參加募集作品請以「刺繡」相關布作為主，備妥作品名稱、創作者姓名、作品敘述、作品尺寸、作品小故事（300字內）等資料，以電子郵件方式投稿至「刺繡誌編輯部」。Mail:elegant.books@msa.hinet.net
- 投稿作品務必為原創，若有參考書籍請附上相關資料，以利審查作業。
- 投稿作品圖片請以清晰、解析度高（300DPI）、勿壓字為基本條件。
- 投稿作品若入選即會刊登於雜誌且告知作者，並可獲得當期雜誌乙本以茲紀念，本誌擁有刊登決定權利。
- 以上若有未盡事宜，歡迎來信詢問投稿相關辦法。

繡外畫中——
鳳甲美術館中國刺繡館藏暨多媒體文創應用展

「繡外畫中——鳳甲美術館中國刺繡館藏暨多媒體文創應用展」是以鳳甲美術館中國刺繡館藏為策展基調，並搭配展演空間將之簡約為四個單元，分別為第一單元：「刺繡圖像數位加值應用觀摩區」；第二單元「鳳甲美術館中國刺繡館藏珍品區」；第三單元：「繡中有畫，畫中有繡」；第四單元：「多媒體互動體驗區」。此外，館方並為社區學子們與民眾準備學習單與導覽解說，以及舉辦相關講座與刺繡操作課程，讓觀眾一窺中國當代刺繡的風華與奇珍。

觀眾在展區中可以看見宋、元兩朝的藝術精品集結，包括北宋四家：蘇軾、蔡襄、米芾、黃庭堅的書法作品；宋徽宗的花鳥冊頁；北宋張擇端的《清明上河圖》；宋元兩朝為官的趙孟頫《鵲華秋色圖》；元四家：黃公望的《富春山居圖》、倪瓚《安處齋圖》……。這些幾可亂真的〈臨本〉，幾乎均出自已故中國工藝美術大師黃淬鋒先生之手筆。

中國工藝美術大師黃淬鋒大師曾於 2005 年來台為鳳甲美術館於國父紀念館的展出剪綵，一方面驚嘆於鳳甲館藏刺繡作品之精妙，另一方面也感念邱再興董事長保存中國工藝之用心；因此返回中國湖南之後將自己研發多年，結合古典與創新的〈新創制〉刺繡作品，予鳳甲美術館收藏。

「繡外畫中——鳳甲美術館中國刺繡館藏暨多媒體文創應用展」將檔期一分為二，首檔展出的「臨 宋元翰墨」將展至 4 月 28 日止。凡在此期間購票參觀的民眾，在第二部「臨 明清書畫」展示期間，仍可持原票免費參觀。觀眾所購買之門票，除了展覽參觀之外，還可以折抵「刺繡手作工作坊」材料費 50 元、免費參加「刺繡講座」，以及參加抽獎（周周抽、月月送，最大獎項為鳳甲專用機平板電腦一部）。為回饋鳳甲美術館所在之北投社區，凡北投居民均享優惠折扣。

展出時間：2013 年 2 月 23 日～ 6 月 23 日
展出地點：台北市北投區大業路 166 號 11 樓
指導單位：文化部
主辦單位：財團法人邱再興文教基金會
執行單位：鳳甲美術館
協辦單位：國立台灣藝術大學 圖文傳播學系
岱妮國際蠶絲有限公司
戲智科技股份有限公司
指定投影：奧圖碼
贊助單位：台北市政府文化局

※ 此為售票展出：全票 100 元．優待票 50 元（相關門票優待與免費辦法，請參閱專屬網站 www.hong-gah.org.tw）

｛刺繡手作工坊｝

刺繡課程設計與指導——王棉幸福刺繡

05/11 抽紗刺繡
05/25 珠繡
06/08 立體刺繡
06/22 法國繡

※ 歡迎團體或個人預約報名，報名專線：02-28942272#12
以上課程每堂酌收學費 200 元 (含材料費)，如購票參觀 (全票) 可再折抵 50 元

｛刺繡講座｝

04/28
主題：一針一線戶塚刺繡
主講人：戶塚刺繡台北支部指導老師

05/12
主題：亂針繪繡
主講人：任月明女士〈中華民國亂針繪繡協會現任理事長〉

05/26
主題：中華傳統拼布藝術
主講人：鄒正中先生〈中華民間美術收藏家〉

06/23
主題：蘇繡工藝
主講人：鄭巧玲女士〈蘇繡老師〉

春漾系の零碼布創意利用！

「蒲公英髮夾」

甜甜的春天來囉！
將小巧可愛的花朵配件作成飾品，
大家都一定會很喜歡吧！
不需要太多工具，
利用零碼布及花蕊等配件就可以簡單完成，
輕鬆愉快的作自己最愛的小配件吧！
本書收錄 39 款人氣定番的布花小飾品，
日常必備的甜甜圈髮束、蕾絲戒指、鉤織項鍊、碎花別針、花朵耳環等，
專屬氣質女孩的創意配件，作法簡單，造型可愛！
帶著手作的質感小物和美麗心情上街去吧！

BOUTIQUE-SHA ◎著
平裝／ 64 頁／ 21×26cm ／彩色＋單色
● 定價 280 元

No.1

材料・工具

- 布（薄紗・卡其色・3cm×50cm） 1片
- 蝴蝶結裝飾（金色・1cm×2.5cm） 1個
- 附底座髮夾（金色・長5cm） 1個
- 白膠

No.2

材料・工具

- 布（棉布・印花・3cm×50cm） 1片
- 珍珠（圓球・白色・直徑5mm） 顆
- 附底座髮夾（銀色・長5cm） 1個
- 白膠
- 手縫線（白色）
- 手縫針

How To Make

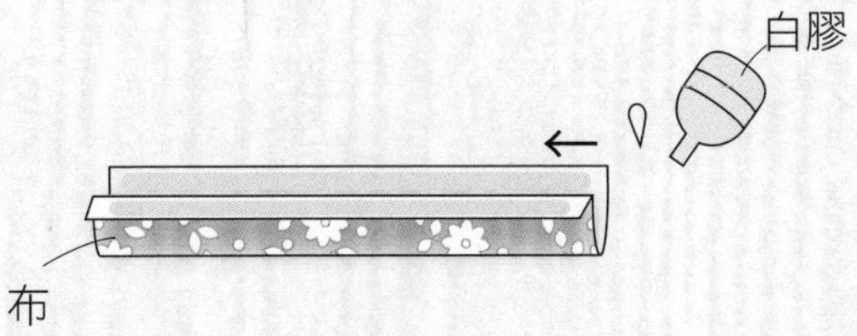

1 將布對摺後，布邊沾上白膠貼合，並待其乾燥。

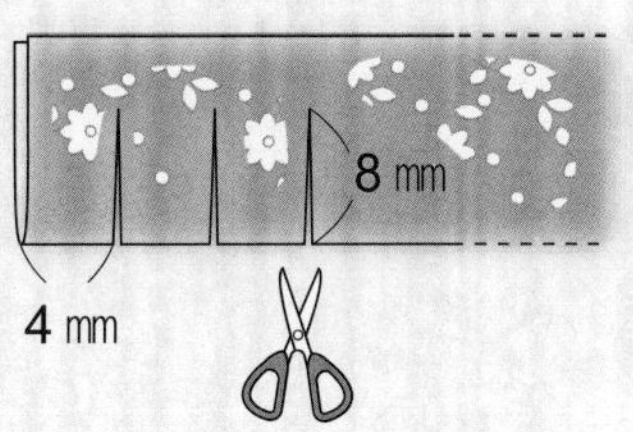

2 對摺線以4mm間隔各別剪牙口。

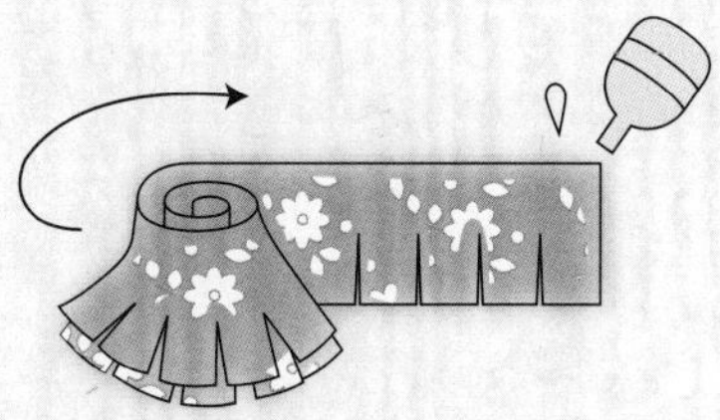

3 繞捲後，布邊黏上白膠固定。

4 步驟3的花朵黏上蝴蝶結，步驟4的花朵則將珍珠穿線後，縫合於中心處。

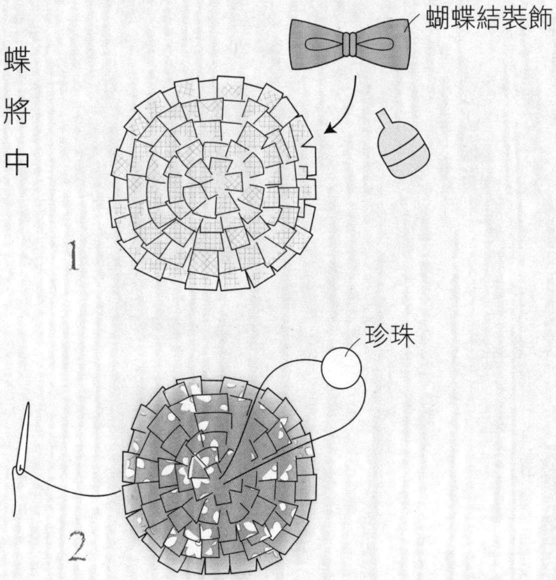

5 將附底座髮夾沾上白膠黏在背面。

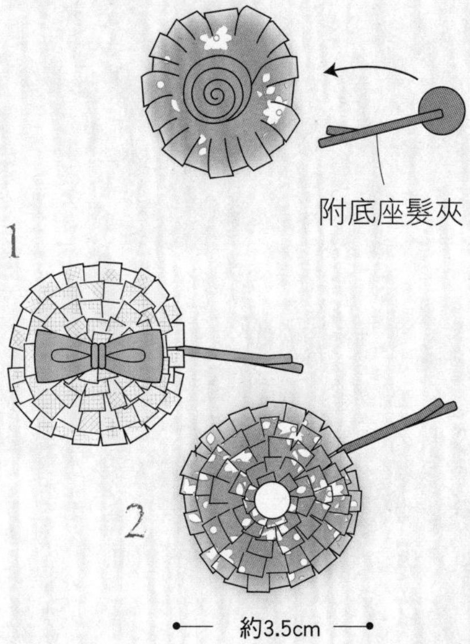

手作粉絲們有福了！
日本超人氣刺繡手藝雜誌「ステッチ idées」

首度授權雅書堂文化發行繁體中文版，
要讓台灣愛好刺繡手作的朋友，
也能與日本同步分享最新的刺繡情報！
除了雜誌的發行之外，也將陸續推出刺繡誌特集精選，
喜歡刺繡的您，千萬別錯過囉！

＋

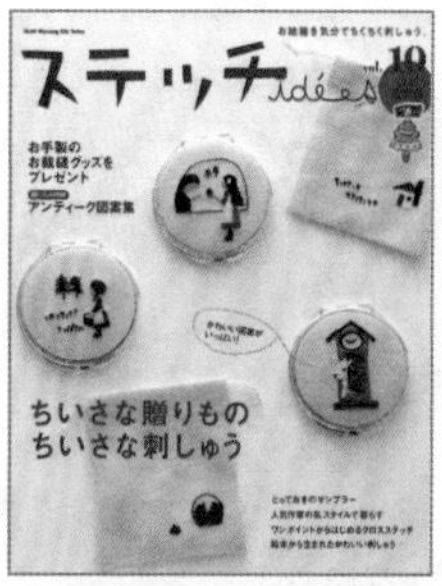

★ Stitch 刺繡誌特集 01

預定出版時間：2013.8 月

＋

★ Stitch 刺繡誌特集 02

預定出版時間：2013.11 月

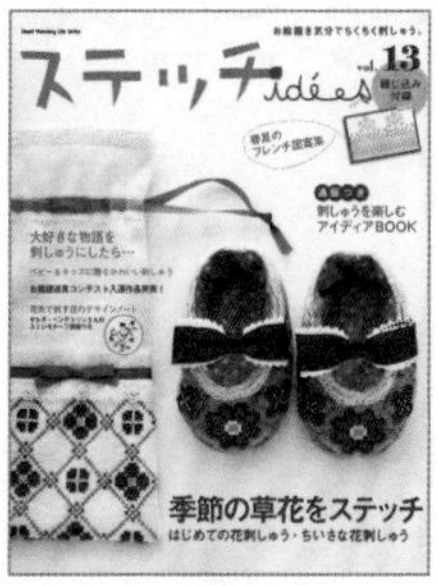

＋

★ Stitch 刺繡誌特集 03

預定出版時間：2014.1 月

Abb. 17. Decke mit Doppe
Material: Leinen, MEZ-Sticktw
Arbeitsanleitung: 80 cm oder 1
nach innen über die Höhe von 3 Kreuzstichen um den Außenrand dichte Hexenstiche
ausführen. Dann erst nach innen die Blüten aufbügeln (hierzu Abplättmuster Nr. 8314),
oder über Stramin nach dem Zählmuster Fig. 9 aufsticken. Die Blüten werden 13 cm
groß. Am Rand die Fäden für Fransen ausziehen.
Abb. 18. Quadratische Decke (1,35 m groß) mit reicher Stickerei.
Material: Handarbeitsleinen, MEZ-Perlgarn 5 oder Sticktwist.
Arbeitsanleitung: Leinen 1,40 m im Quadrat zuschneiden, Saum 2 cm breit einlegen. Mit der schmalen Borte (Zählmuster Fig. 10a) die Decke in 4 gleiche Quadrate einteilen und diese einmal innerhalb des Saumes wdh. Die Blumenmotive (Zählmuster Fig. 10b) jeweils 4 cm von der inneren Borte entfernt aufsticken. 1 Kreuzstich greift über 3 Fäden in Höhe und Breite. Die Motive sind 40 cm groß, die Borte ist 2,5 cm breit.
Abb. 19. Decke (1,10 m groß) mit Mittelmotiv, Bordüre und Hohlsaumabschluß.
Material: Leinen, Stramin (8 Stiche = 3 cm), MEZ-Perlgarn 5 oder Sticktwist.
Arbeitsanleitung: Stoff 1,10 m zuschneiden, 15 cm vom Rand nach innen ringsum die Borte und die Blütenmotive nach dem Zählmuster Fig. 11 über Stramin aufsticken.
Fig. 2a Zählmuster zu Abb. 2.

一定要學會の刺繡 基礎

關於熨斗

整燙可使作品更加漂亮，為了不要把刺繡的立體感壓扁，請斟酌力道。

POINT

●在圖案消失之後才開始整燙，有些在加熱後也不會消失，請特別注意。
●裝框的時候，若想使作品平整，請從背面噴上熨斗專用的膠。
●不要直接以熨斗燙，這樣可以防止熨斗接觸到乾淨的白布而產生焦黑或泛亮光的情形。
●有些繡線碰到熨斗就會脫色，請務必注意。

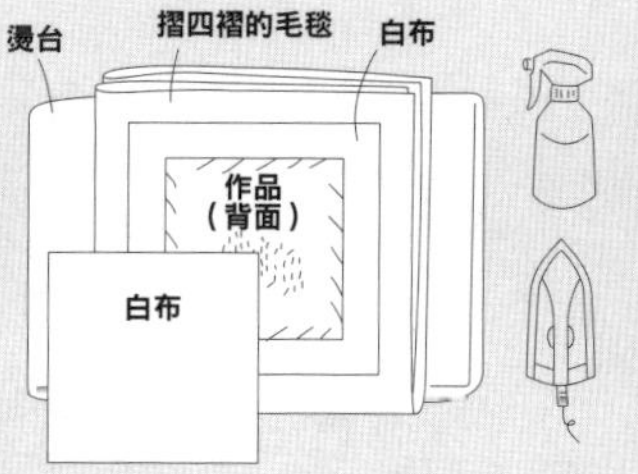

材料準備

熨斗　燙台　噴水瓶
毛毯（可以用毛巾代替）
乾淨的白布兩片

❶依照圖的順序重疊固定之後，從作品的背面噴水。
❷把白色的布墊在作品的上面，把縮起來的地方以熨斗燙開燙平。
❸以熨斗的尖端將刺繡部分的周圍燙平。
❹將作品翻至正面，墊上白色的布，稍微輕輕地以熨斗燙一下。

關於布

●布料的種類

十字繡　適合一邊數織目一邊製作刺繡的布※（ ）內為織目的算法

初級 ←→ 高級

十字繡用布　平織布

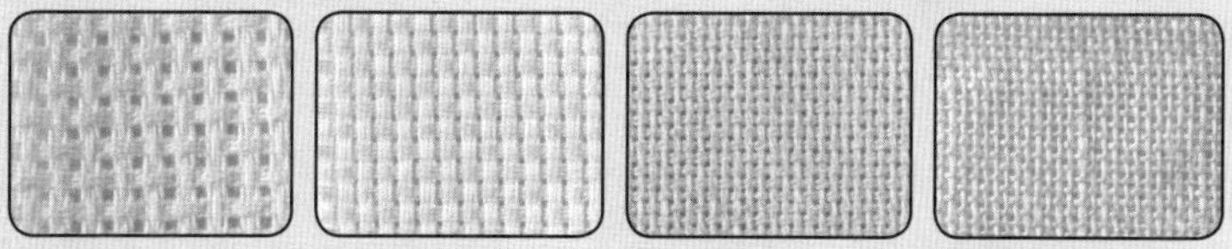

Java Cross
有規則性的格子排列孔可以讓針刺入，是適合製作十字繡的布，織目較粗容易計算，初學者也可以安心使用。
（粗目・中目・細目）

Aida・Indian Cross
和Java Cross的織法不同，請依喜好來使用。
（○格・○目／10cm）

Congress・Etamin
將經線與緯線有規則地織成的布，100%棉，織線較粗，容易計算織目。
（○目／10cm）

刺繡用亞麻布
因為織線的粗細平均，選擇時請挑選在一定的面積裡織線條數相同的布。
（○格・○目／1cm）

布目大小的規格表

粗↑↓細	目	吋（格／Count）	公分（1cm單位）	公分（10cm單位）
	粗目	6格	2.4目／1cm	25目／10cm
	中目	9格	3.4目／1cm	35目／10cm
	細目	11格	4.4目／1cm	45目／10cm
	55	14格	5.5目／1cm	55目／10cm
	—	16格	6目／1cm	—
	—	18格	7目／1cm	—
	—	25格	10目／1cm	—
	—	28格	11目／1cm	—
	—	32格	12目／1cm	—

※目的大小是採用（株）LECINE的規格，吋・公分的單位部分是採用DMC（株）的規格。
依據品牌的不同，布的名稱或目數也會有所差異，買布的時候請向店家確認。
※1吋＝2.54cm

這個時候…
想製作十字繡，布目卻無法計算的時候，可利用可拆式轉繡網布。

法國刺繡　基本上，許多布都可以製作。建議使用織目緊密的薄平織麻布，較為容易製作刺繡，太厚的布料或有彈性的布料，以及刷毛的布料都不太適合刺繡。

●布的直橫・正反

為防止作品的變形，要以直布紋的方向製作。購買時附有布邊，布邊的方向就是直布紋，沒有布邊的話，請以直橫方向拉看看，無法伸縮的地方就是直布紋，在素面的平織布上作刺繡，不用特別在意布的正反面。

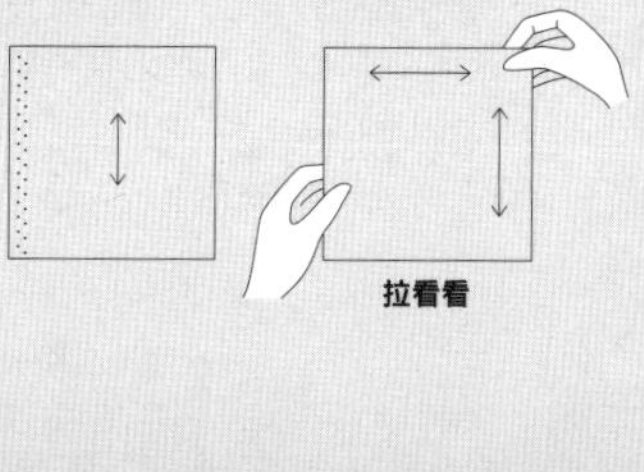

必備用品

針➡ 參考關於繡針
布➡ 參考關於布料
糸➡ 參考關於繡線

剪刀
刺繡用的剪線剪刀與剪布剪刀是必要的工具，請選用尖端為細規格的線剪較為方便。

刺繡框
將布撐開的工具。硬質的布在刺繡的時候也可以不使用刺繡框，隨著圖案大小，框的尺寸需變換選用。

圖案複寫用品組 ➡ 參考關於圖案
※ 製作十字繡時不需要使用
描圖紙、描圖器或鐵筆（可使用沒有水的原子筆代替）、手藝用複寫紙、珠針、玻璃紙

刺繡的開始＆刺繡的結束

基本上，刺繡不打結。開始刺繡時，線的末端要留下針的三倍長。刺繡結束後，從背面進行線的處理，刺繡結束後也一樣不打結，依圖處理線。如果覺得困難，也可以打結，最好能學會讓背面看起來也非常漂亮的正確方法。

穿過直線的時候

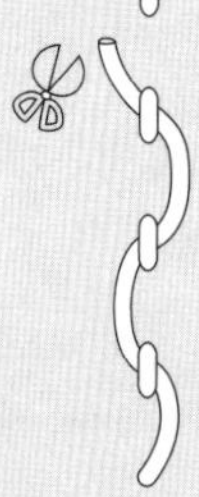

穿過橫線的時候

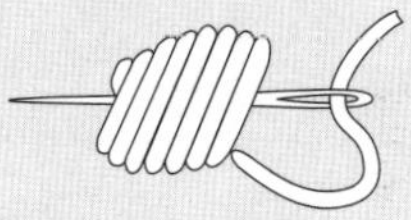

關於針

●繡針的種類

首先需要準備的是十字刺繡針與法國刺繡針，各有不同的用途。

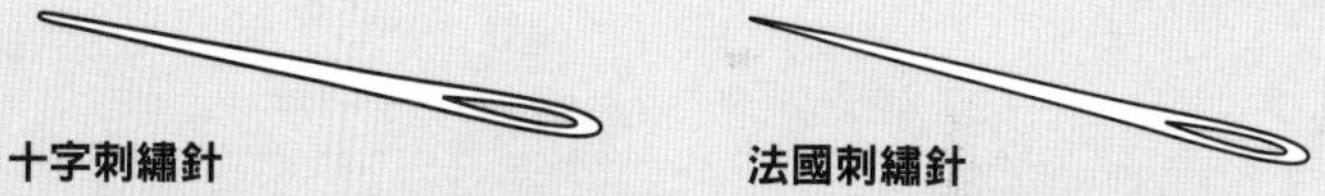

十字刺繡針
針頭經過加工變成圓形，製作十字繡的時候使用。失敗拆線時，可運用法國刺繡針，如此就不會破壞繡線。

法國刺繡針
針頭尖，製作法國繡的時候使用。

各式各樣的其他種類
緞帶刺繡針或瑞典刺繡針，根據用途或品牌的不同，也有各式各樣種類的針。
請多試試，並從中找出一支喜愛的針。

●繡線的號數＆繡線的股數

圖表是參考的基準，由於布的厚薄會影響到好不好繡的程度，請在實際繡看看之後，再選擇覺得順手的針。

繡針		繡線	
法國刺繡針	十字刺繡針	25號繡線	瑞典花繡線
3	19號	6股	3股（亞麻布18格）
3・4號	19・20號	5・6股	
5・6號	21號	4股	2股（亞麻布25格）
	22號	3股	
7～10號	23號	2股	—
	24號	1股	1股

※繡針的號數是採用Clover（株）的規格，品牌不同，針孔的大小也會有所不同。
※花繡線：通常是按照布目的大小選擇繡針。

關於圖案

十字繡

十字繡不需要描圖。圖案是以不同顏色作記號區分，把一格用一目計算。織目較粗的布（十字繡用的布）是把一個織目當作一目，織目細小的布（亞麻布）則是經線和緯線各繡出兩條線。

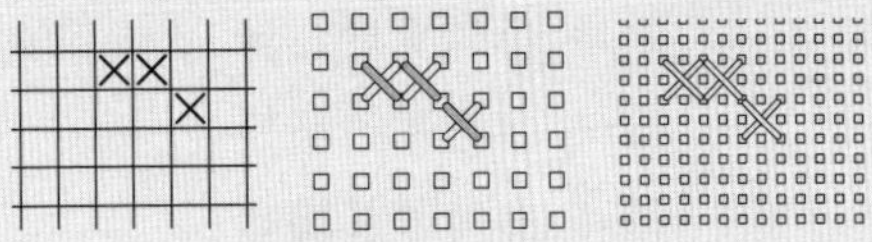

法國刺繡

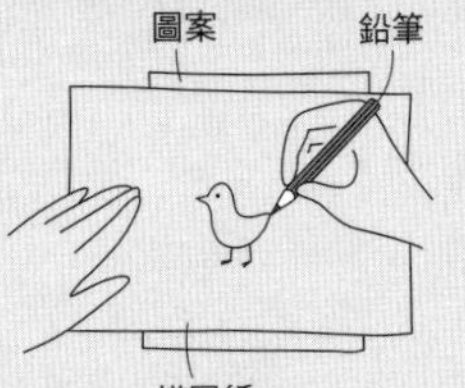

❶在圖案放上描圖紙，以鉛筆描圖案。

❷在布上將描圖紙以珠針固定，中間夾入手藝用複寫紙，最上面放玻璃紙，用手藝用鐵筆把圖案描出來。

POINT

●描圖案之前先噴水，再以熨斗整燙布紋。
●圖案是沿著經線、緯線配置。
●中途不要翻動，一股作氣畫完。
●顏色太深會把布弄髒或殘留痕跡，顏色太淺記號則可能會在中途消失，請務必斟酌筆觸及力道。
●請以最細的筆觸描畫圖案，避免露出記號或殘留痕跡。

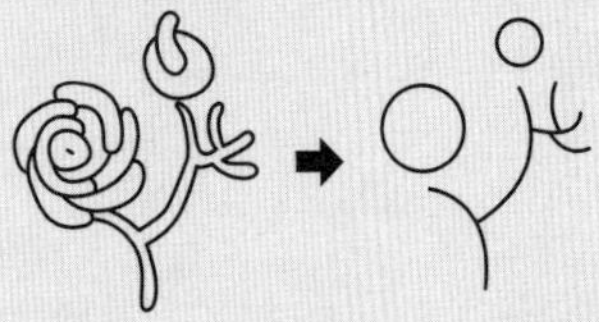

裱框

POINT

●整燙作品時，請從布的背面噴上整燙專用的噴膠，噴過後會比較漂亮。
●由上下→左右的順序固定，比較不容易歪掉。

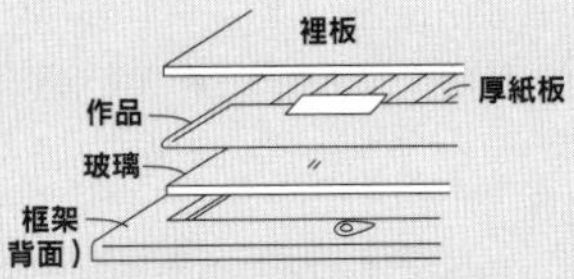

❷依圖序重疊放入框架內。依個人喜好可在玻璃和作品中間加入去光膜，或把玻璃拿掉。

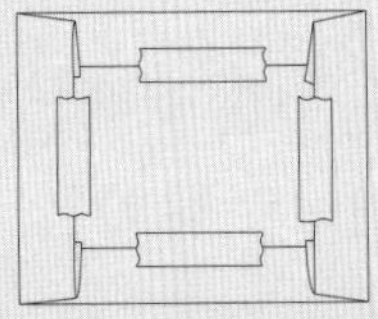

❶作品以熨斗整燙，注意正面圖位有沒有擺正，一邊以膠帶於背面稍加固定。把作品翻面，把布快速地繃緊，以膠帶固定。布邊不要重疊，請摺起。

關於繡線

●線の種類

25號繡線是最被經常使用的，以1束＝1捲計算，1捲的長度是8公尺。Anchor、COSMO、DMC、OLYMPUS，依據品牌的不同，色號也會不一樣。花繡線是100%純棉沒有光澤的線，樸素又有質感的自然色系很受歡迎。

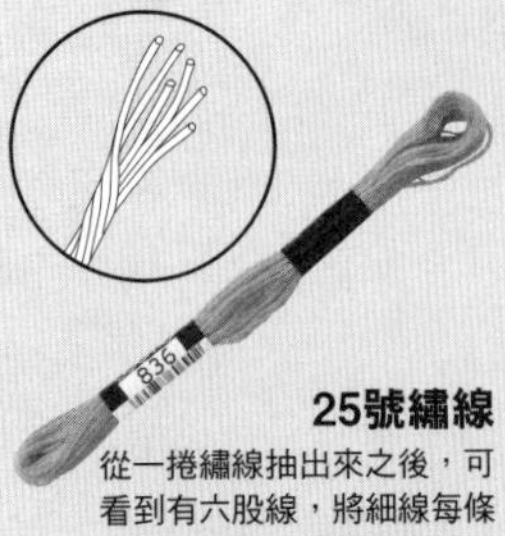

25號繡線

從一捲繡線抽出來之後，可看到有六股線，將細線每條以一股計算，按照圖案標示的「○股」指示，抽出需要用到的股數使用。

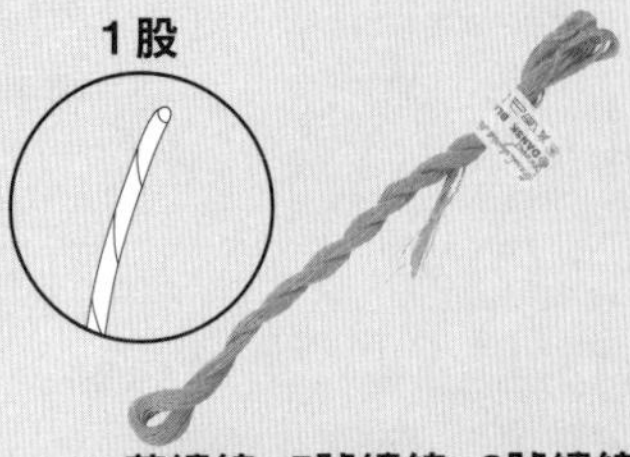

花繡線・5號繡線・8號繡線

從繡線捲把線抽出來就是一股，繡線粗細為數字越小，繡線就越粗。其他像是Aburoda或是金蔥繡線，除了25號繡線以外，基本上都是以相同的方式計算。

●25號繡線的處理方式

❶拉出50cm至60cm長度後剪下。

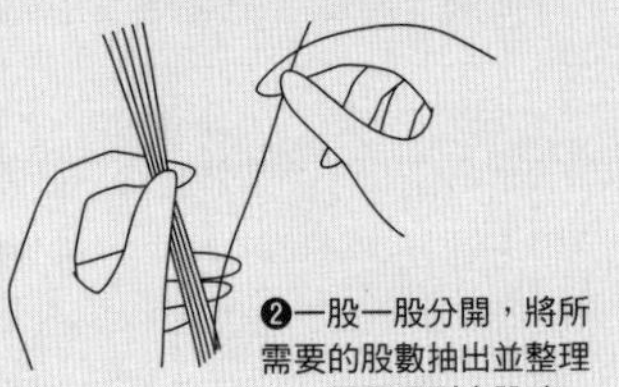

❷一股一股分開，將所需要的股數抽出並整理好。需要用到六股時，也是先一股一股全部分開後再整理好。

POINT

●如圖把繡線輕輕對摺，以針尾把要用到的繡線一股一股挑出，比較不會纏在一起。

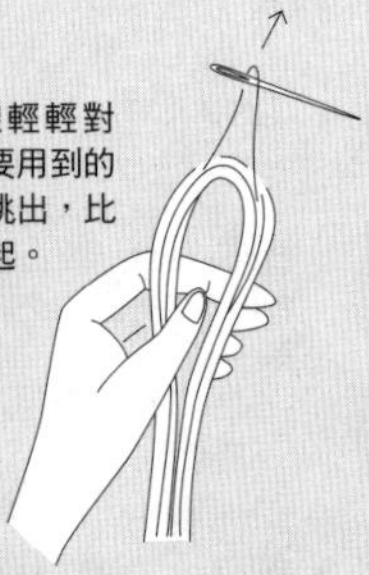

繡 法

平針繡
Running Stitch

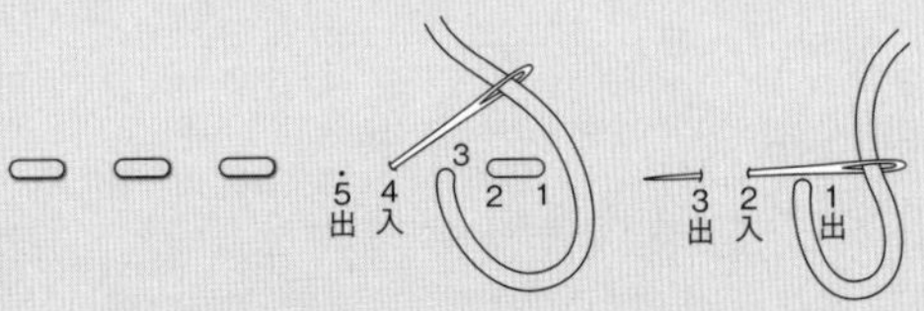

直線繡
Straight Stitch

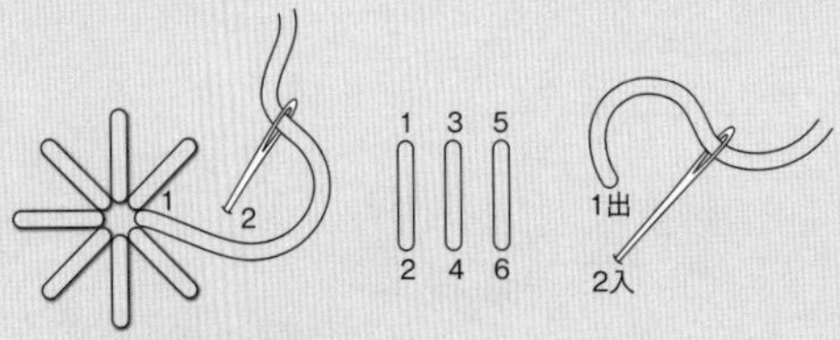

回針繡
Back Stitch

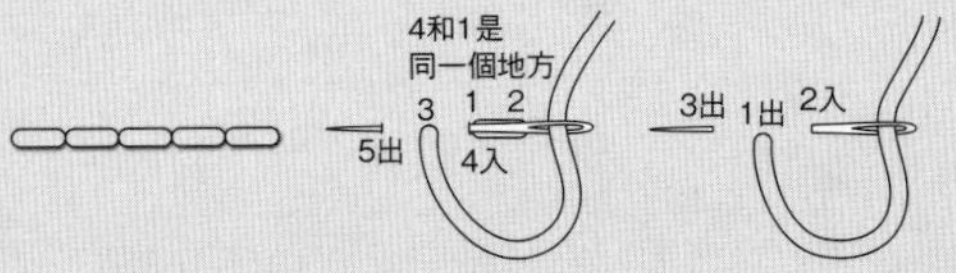

緞面繡
Satin Stitch

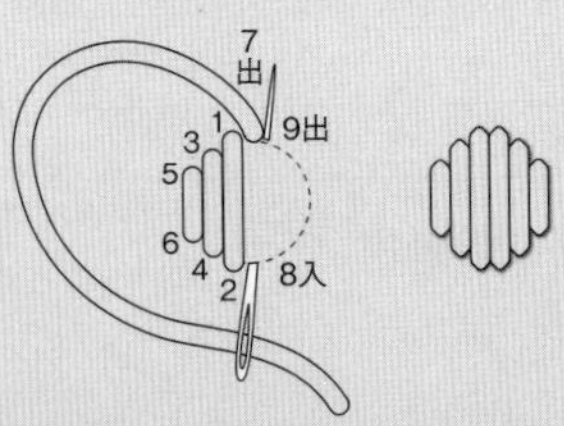

輪廓繡
Outline Stitch

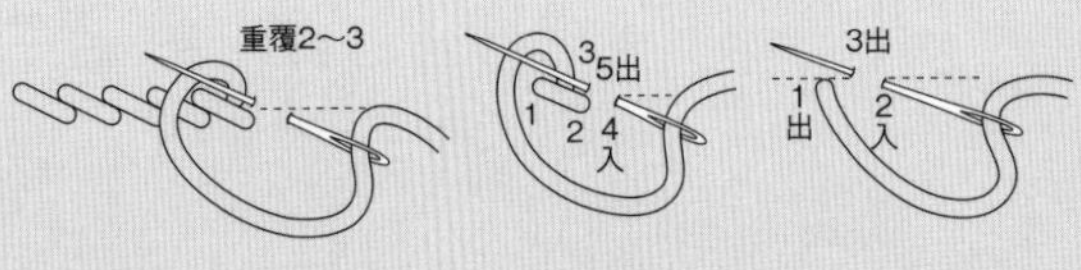

十字繡
Cross Stitch

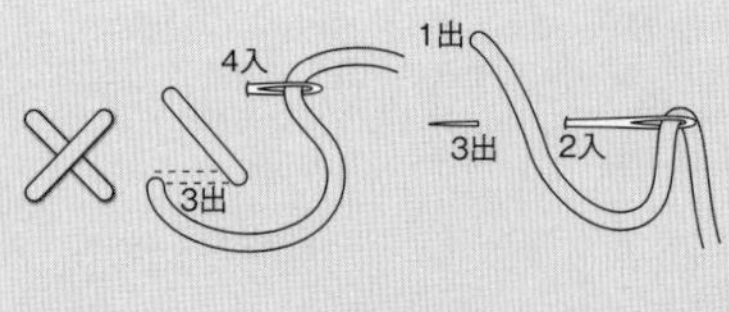

本書介紹の 繡法

鎖鍊繡
Chain Stitch

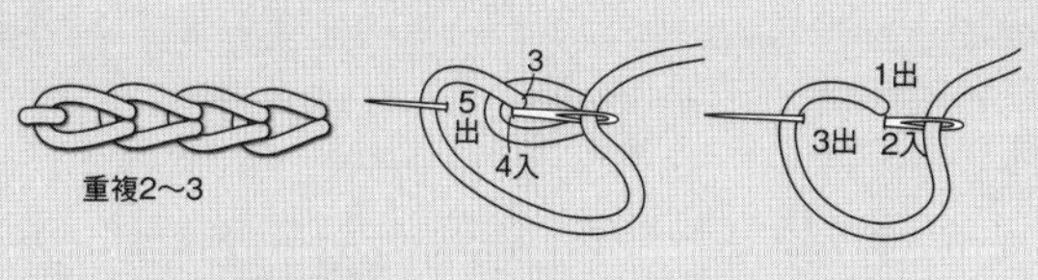

雛菊繡
Lazy daisy Stitch

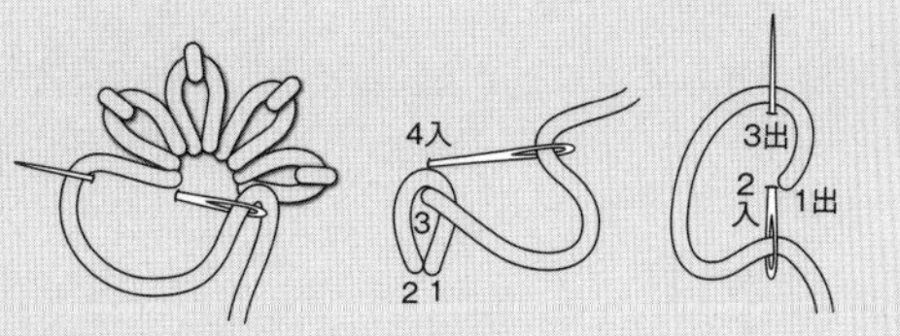

飛羽繡
Fly Stitch

把針目縮短的刺繡

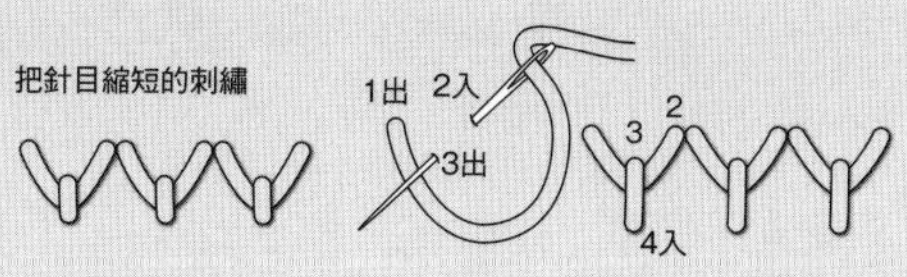

法國結粒繡
French knot Stitch

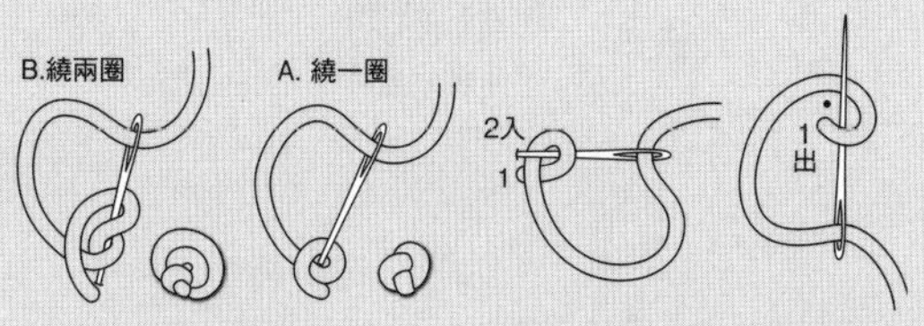

釦眼繡（毛邊繡）
Buttonhole(Blanket)Stitch

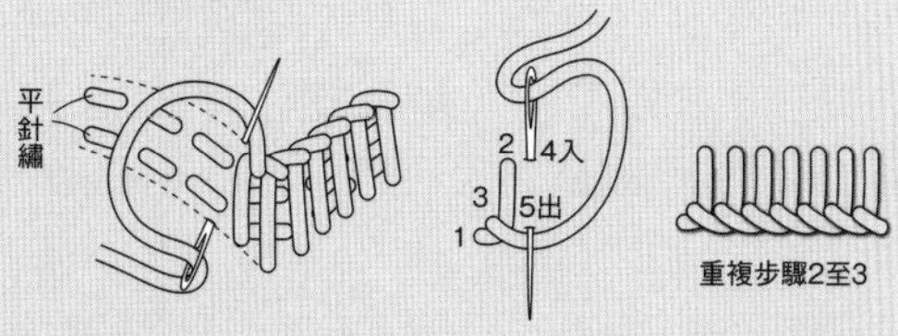

捲線繡
Bullion Stitch

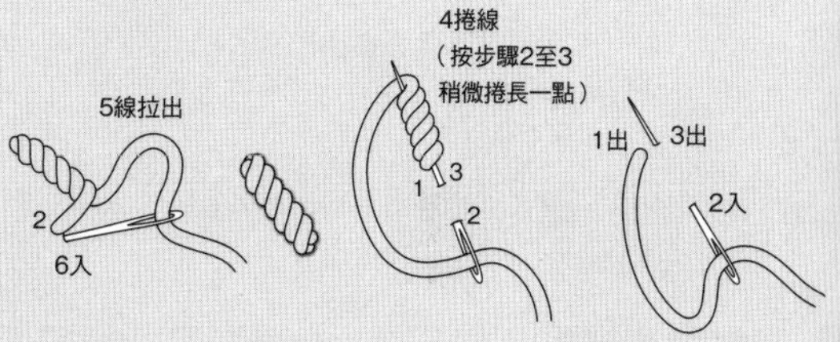

千鳥繡
Herringbone Stitch

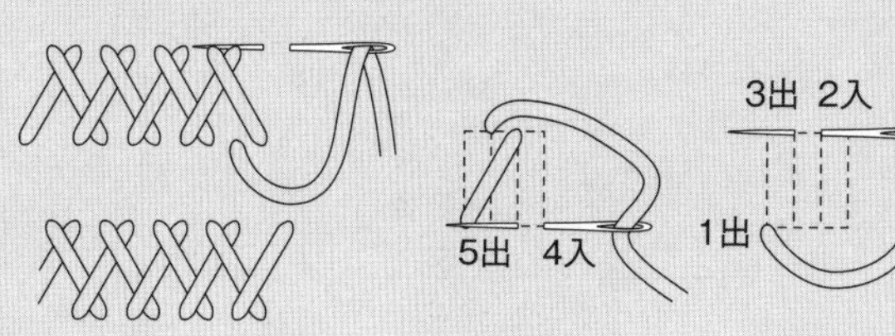

單邊羽毛繡
Single Feather Stitch

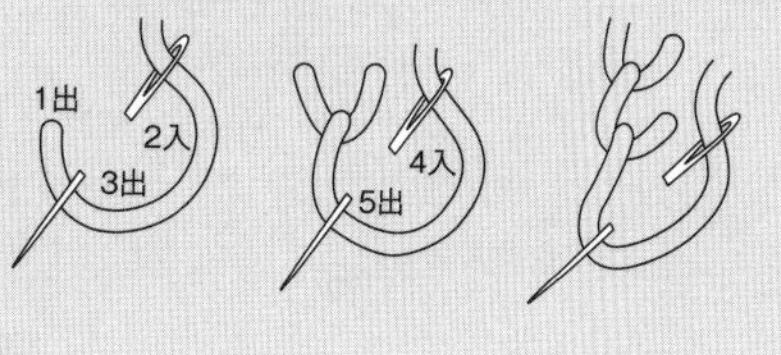

雙重十字繡
Double Cross Stitch

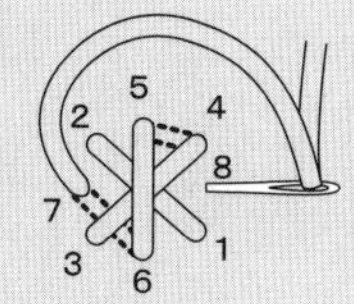

釘線繡
Couching Stitch

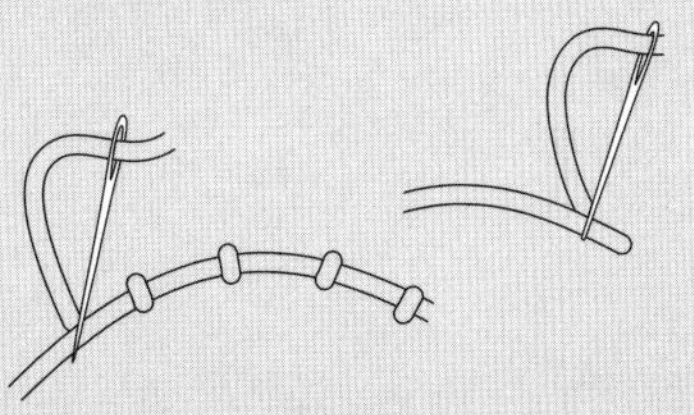

釘線格子繡
Couched Trellise Stitch

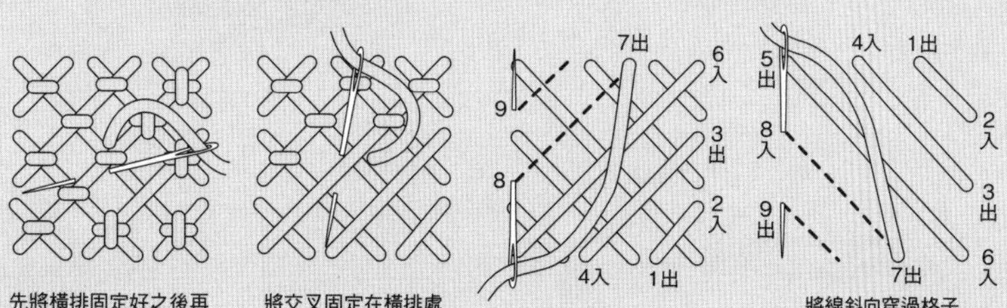

先將橫排固定好之後再固定直排

將交叉固定在橫排處

將線斜向穿過格子

螺紋平針繡
Threaded Running Stitch

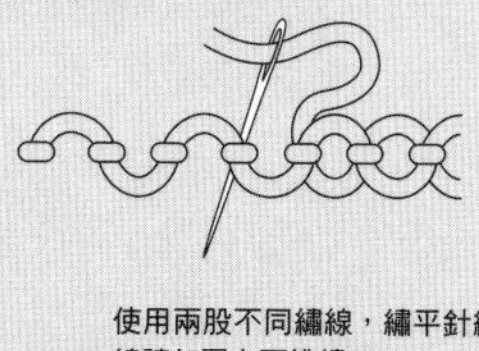

使用兩股不同繡線，繡平針繡的線請如圖上下挑繡。

回針鎖鍊繡／多變鍊繡
Back Stitch Chain/
Checkered Chain Stitch

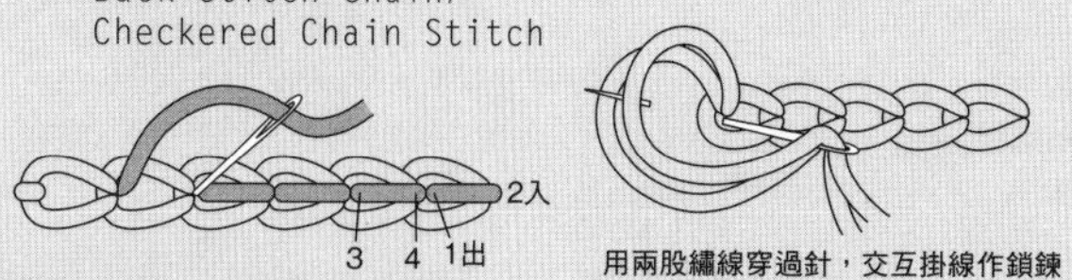

繡完鎖鍊繡後，從上面以不同色線繡回針繡。

用兩股繡線穿過針，交互掛線作鎖鍊，線尾必須要由同一個孔刺入。

雙重釦眼繡
Double Buttonhole Stitch

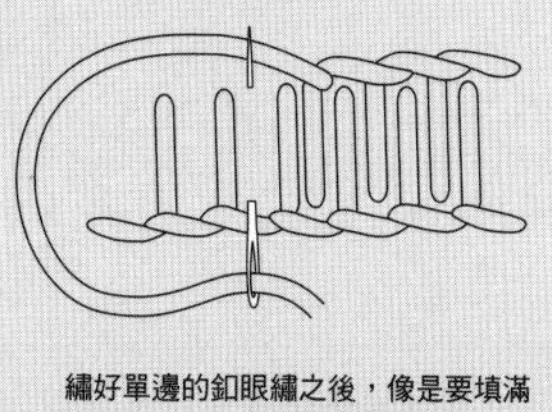

繡好單邊的釦眼繡之後，像是要填滿中間，以反方向刺繡單邊釦眼繡。

捲線輪廓繡／捲線鎖鍊繡
Whipped Outline Stitch/
Whipped Chain Stitch

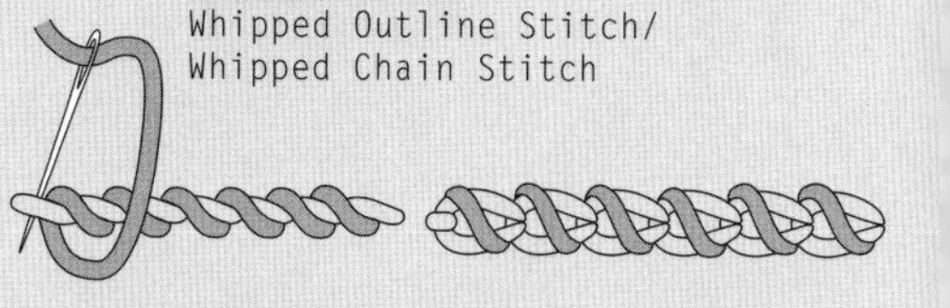

由上而下將不同的繡線鬆鬆地捲起來。

單位＝cm

How to make 作法＆圖案

P5
白花苜蓿＆蒲公英の杯墊＆隔熱鍋墊

材料

隔熱鍋墊：米白色棉布25cm×20cm、印花布50cm×25cm、格子棉布25cm×25cm、不織布＝作為襯用20cm×17cm四片、茶色10cm×5cm．土黃色8cm×8cm、襯14cm×21cm、25號繡線各色適量

杯墊：不織布（A）綠色兩種各9cm×9cm，（B）水藍色兩種各10cm×10cm，25號繡線各色適量

作法

（隔熱鍋墊）

1 不織布兩片重疊製作吊耳A．B。

2 前片表布刺繡後背面貼襯，裡布與表布縫合開口。

3 在後片表布疊上四片當作襯的不織布後，縫合。

4 步驟2．3以及將摺好下面縫份的後片裡布，正面對正面夾著吊耳，三邊一起縫合。

5 翻至正面，縫合返口。

（杯墊）

在不織布上刺繡後，再與另一片不織布重疊，周圍刺繡。

●原寸圖案A面

後片

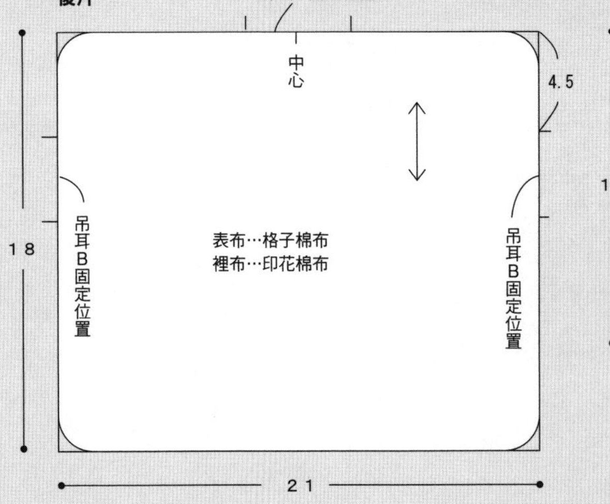

隔熱鍋墊前片

※縫份1cm

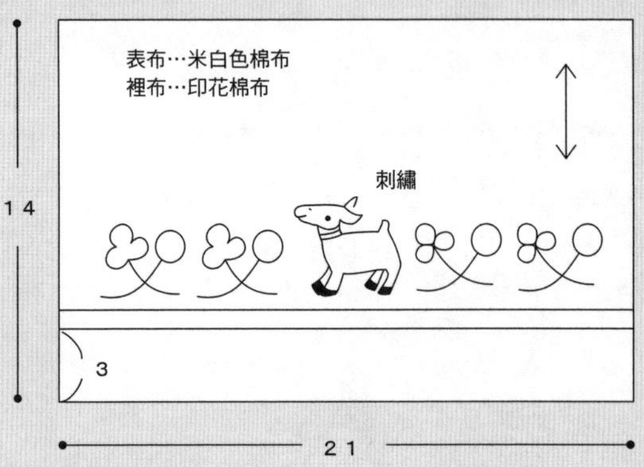

吊耳A

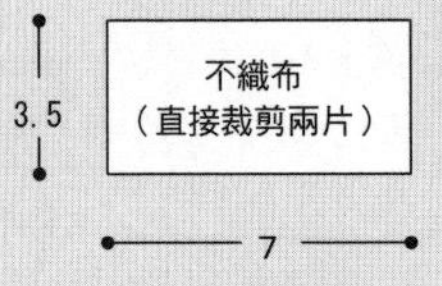

吊耳B

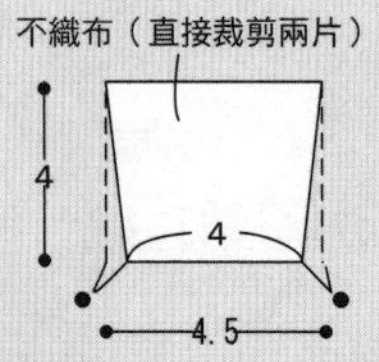

後片襯

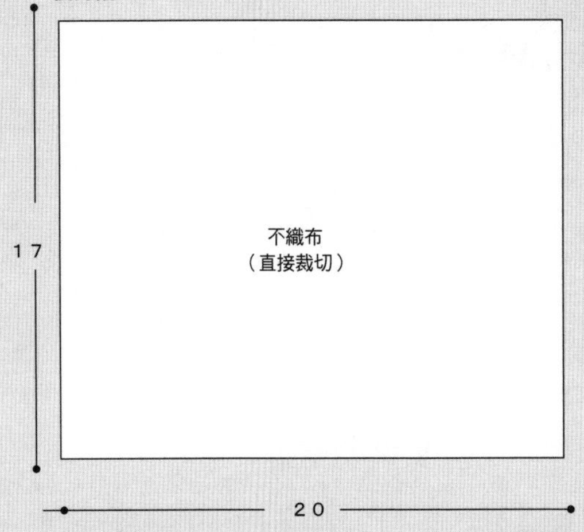

作法

1.製作吊耳

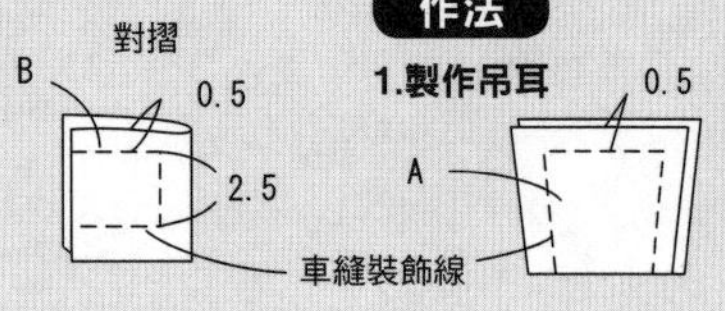

2.製作前片

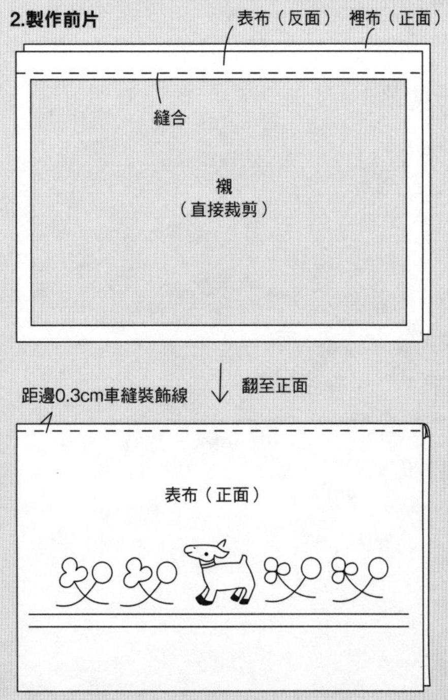

杯墊A

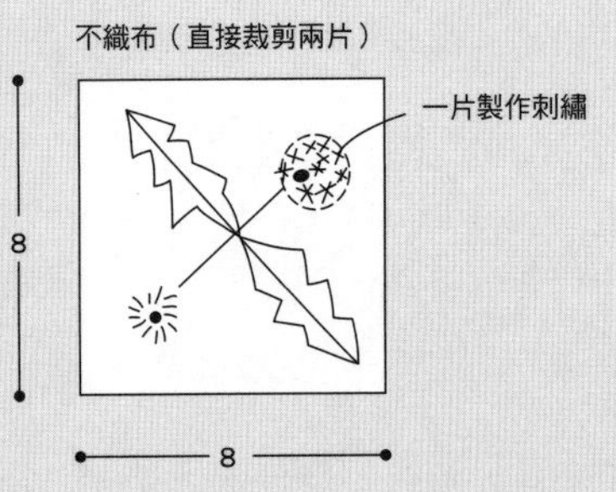

B

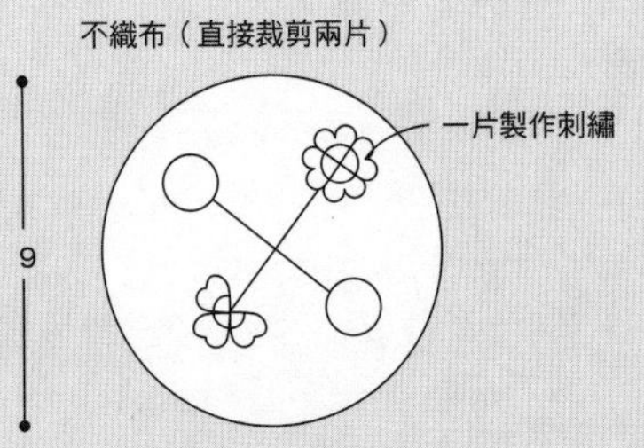

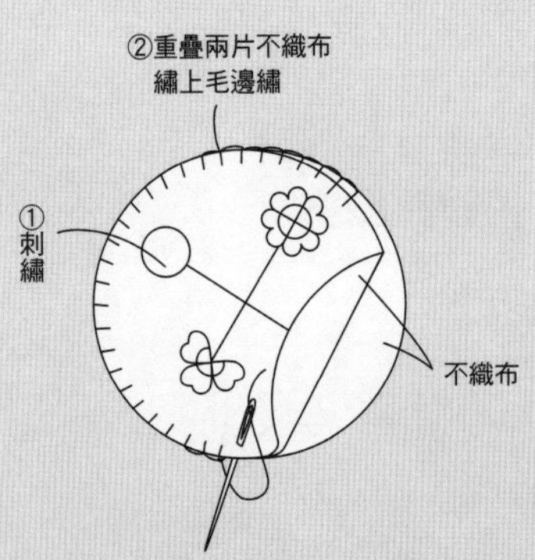

4.將前片．後片正面相對縫合

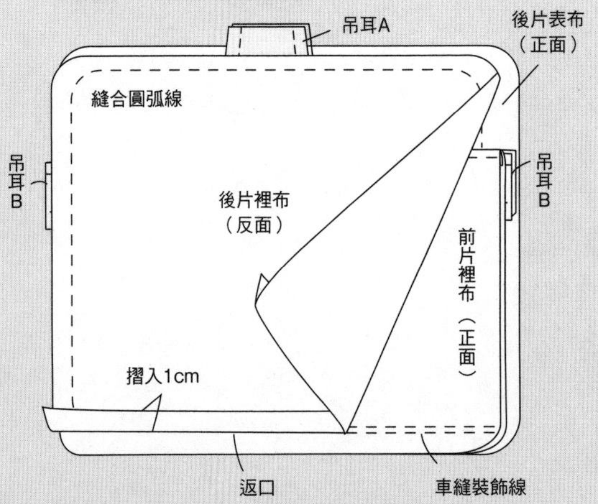

完成圖

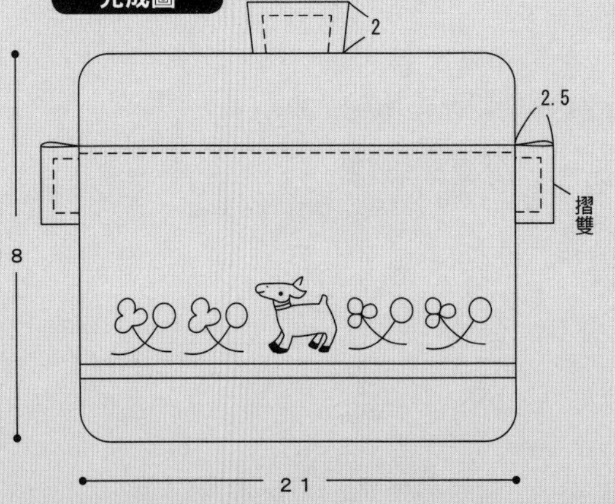

3.製作後片

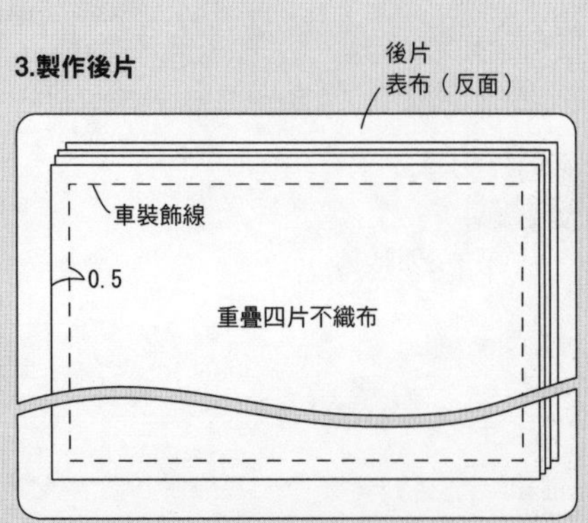

P8
口金手提包&小錢包

材料

手提包：灰色亞麻布70cm×35cm、白色亞麻布25cm×15cm、花紋棉布70cm×35cm、雙面接著襯24cm×12cm，胸針用棉10cm×7cm2片、胸針用針1個、花芯1個、問號鉤2個、寬16.5cm的口金1個、小珍珠、棉花、25號繡線各色適量

小錢包：印花棉布、裡袋用棉布各15cm×25cm，白色亞麻布10cm×8cm，寬8.5cm口金1個，蕾絲、配件各1個，雙面接著襯、25號繡線各色適量

作法

1 將繡好圖案的布燙上雙面接著襯貼在前片表布上，縫合褶子與後片表布正面對正面依記號順序縫合。
2 縫合裡袋時請留返口，並與本體正面相對縫合開口。
3 翻回正面後，加上口金。
4 製作提把，綁在問號鉤上與口金結合。
5 製作胸針裝飾。
※小錢包作法請參考手提包。

●原寸圖案A面
●手提包紙型請於網頁下載
http://book.nihonvogue.co.jp

胸針
（表布・裡布各一片）

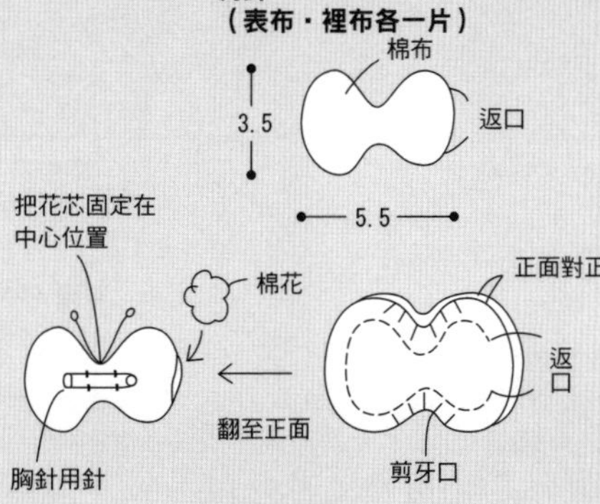

手提包前片
（後片是一片布・與內袋尺寸相同兩片）

※縫份1cm

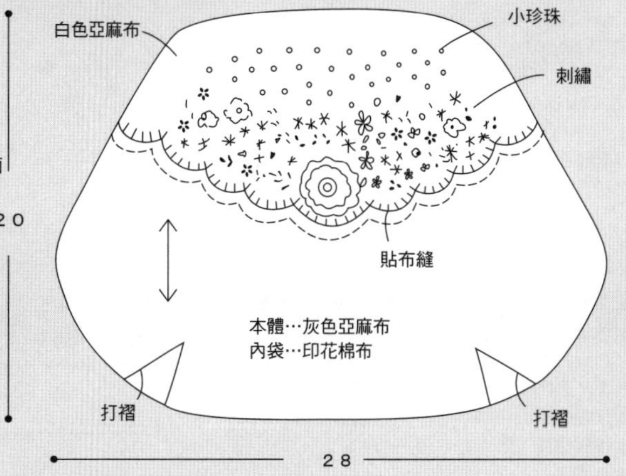

提把作法

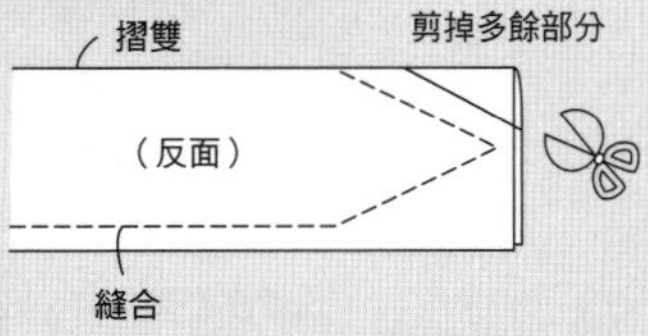

提把

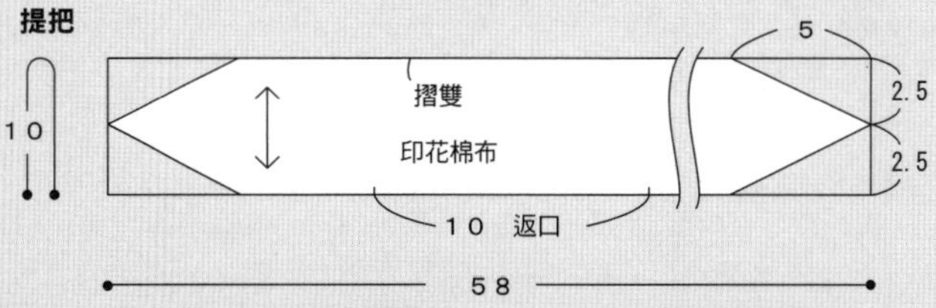

小錢包前片
（後片一片・與內袋尺寸相同兩片）

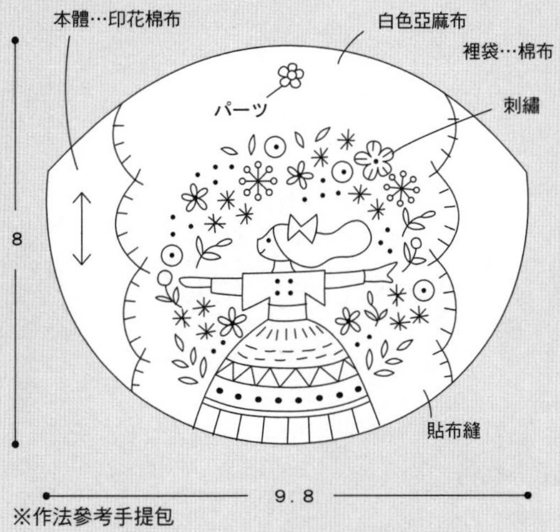

※作法參考手提包

作法

2.本體與裡袋正面對正面縫合

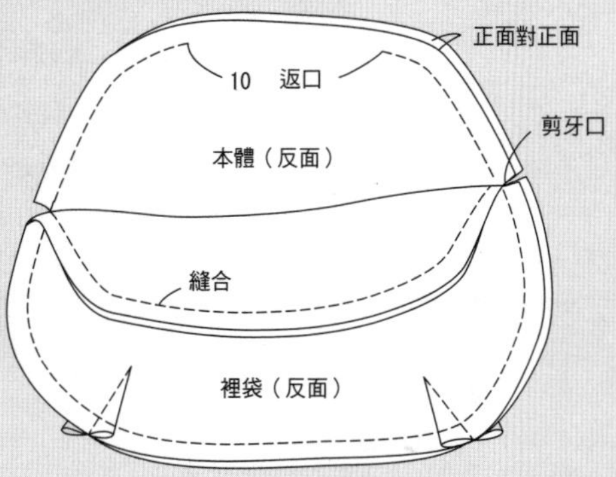

1.製作本體

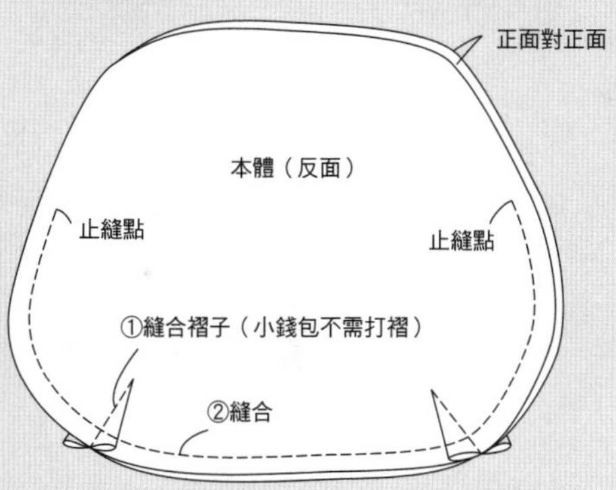

3.裝上口金

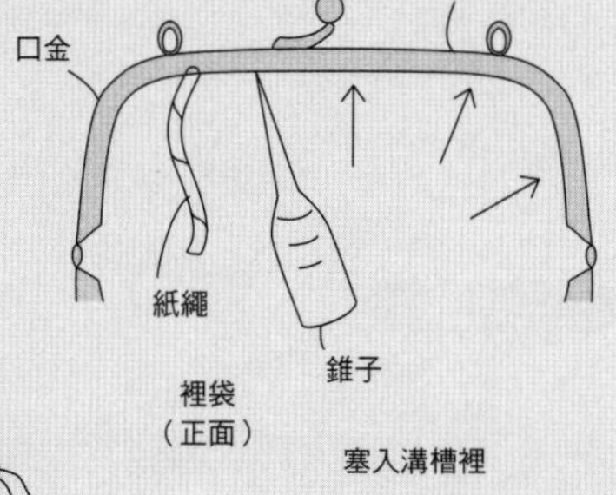

完成圖

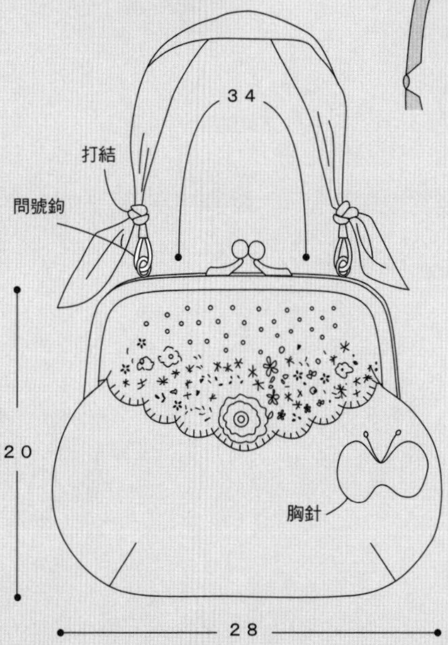

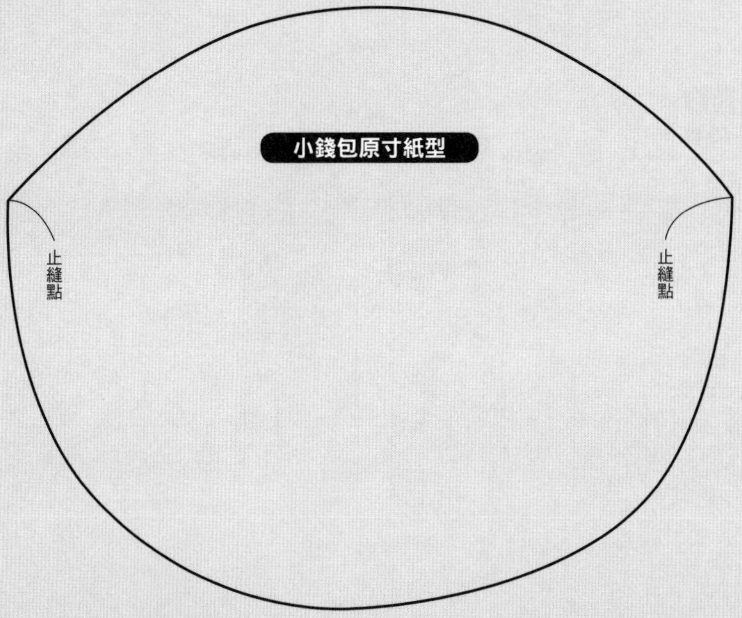

P11
玫瑰皮革包 & 車票夾

材料

手提包：打孔皮革8cm×35cm 2片、人造皮革70cm×45cm、25號繡線各色適量

車票夾：打孔皮革8.5cm×11.cm 2片、16.5cm×2cm、11.5cm×2cm，鐵環、配件各1個、四合釦1組、鍊子30cm、25號繡線各色適量

※打孔皮革依照孔的位置裁剪

作法

（手提包）

1 在打孔皮革上刺繡後，下面包邊，與本體重疊縫合。

2 本體的兩片脇邊重疊縫合成一個圓。

3 與步驟2的底部正面對正面縫合。

4 將袋口縫上包邊。

5 作好提把，固定在本體上。

（車票夾）

1 在一片打孔皮革繡上刺繡，將兩片反面相對後，在三邊繡平針繡。

2 將A・B吊耳重疊繡上平針繡，再加上四合釦、鐵環、鍊子、配件組合後固定在本體上。

●原寸圖案A面

※全部直接裁剪

底部

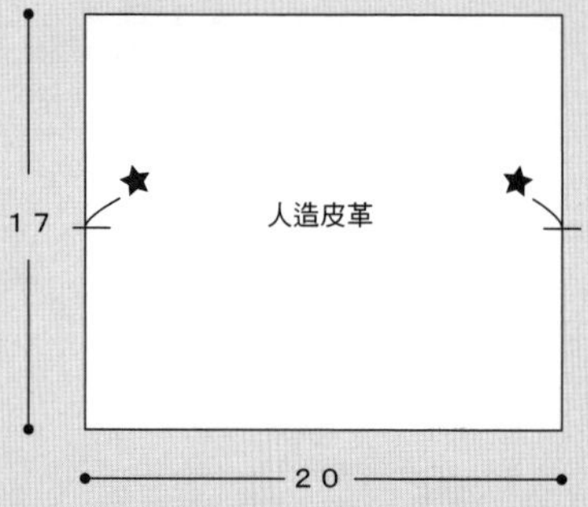

手提把（4片）

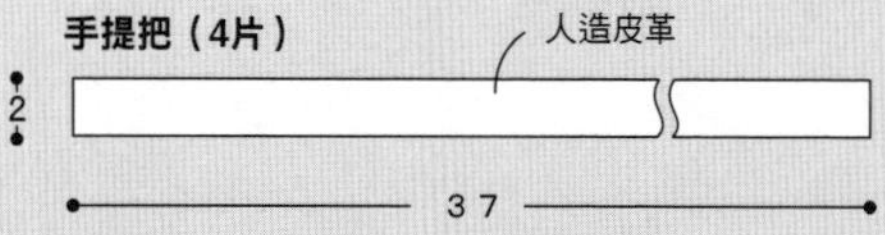

包邊用布※（ ）內的數字為本體A用布兩片

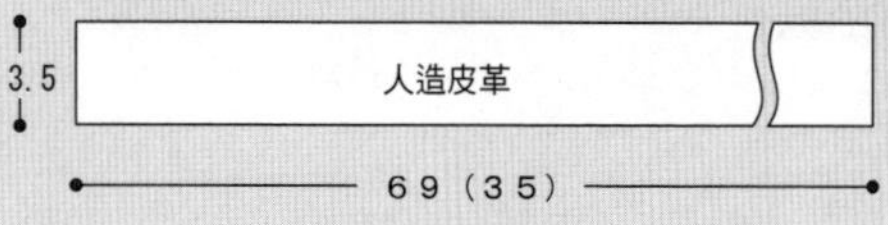

手提包本體A（2片）

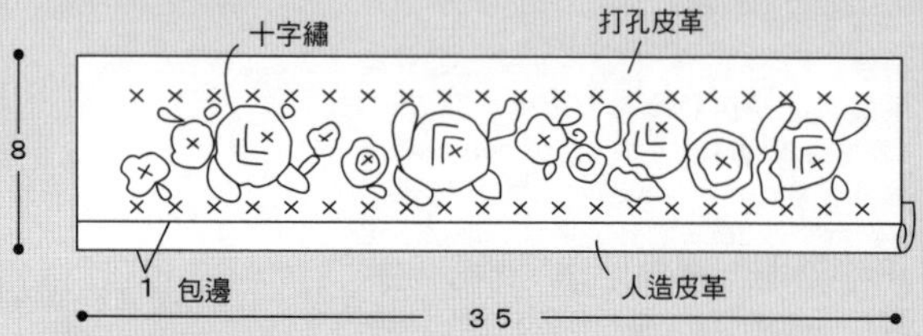

本體（2片）

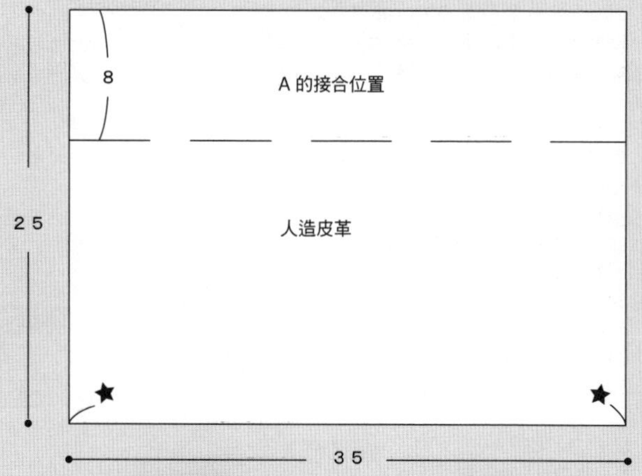

3.接合底部

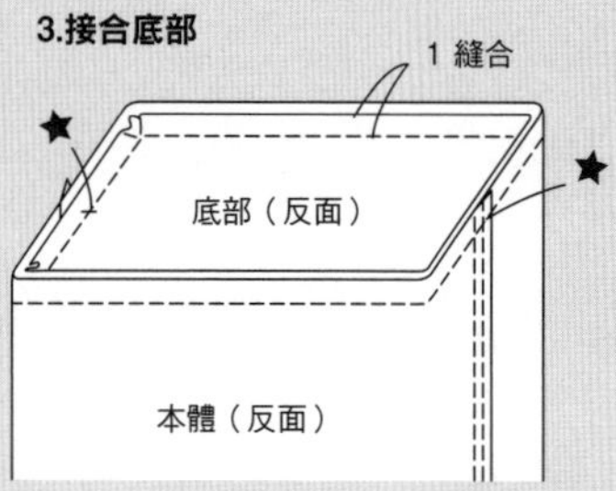

2.縫合脇邊

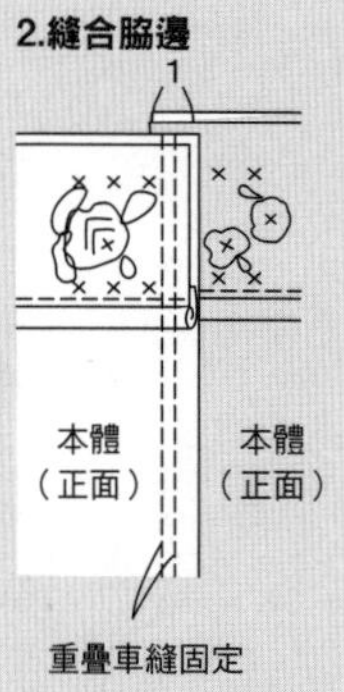

作法

1.本體疊上A後縫合

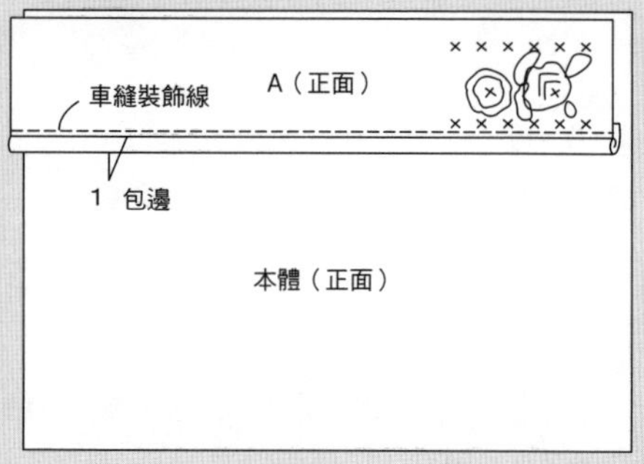

完成圖

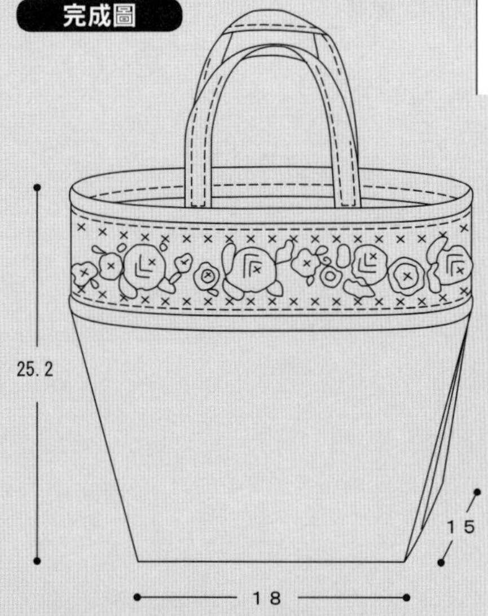

5.固定提把

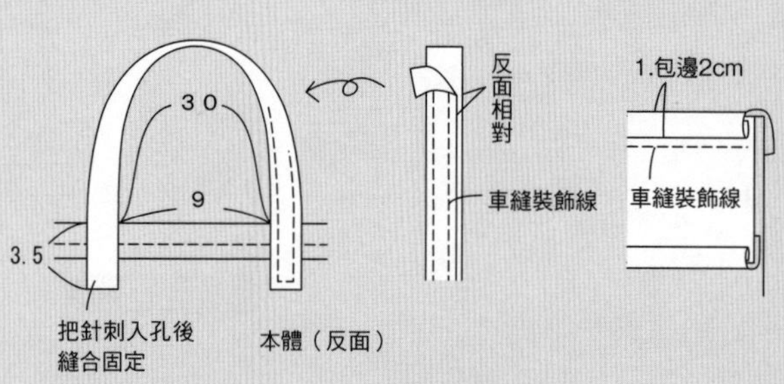

4.袋口包邊

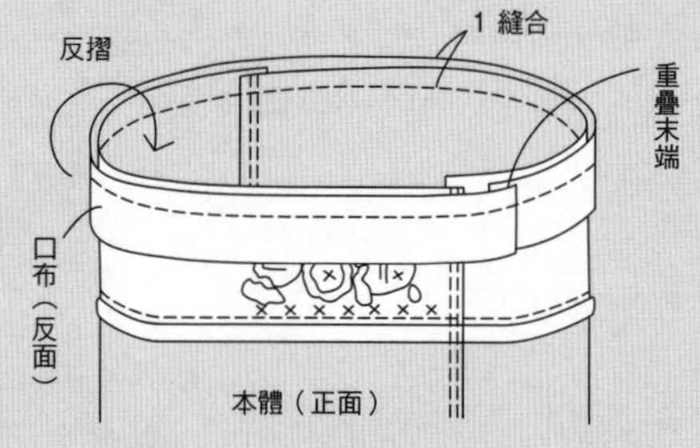

完成圖

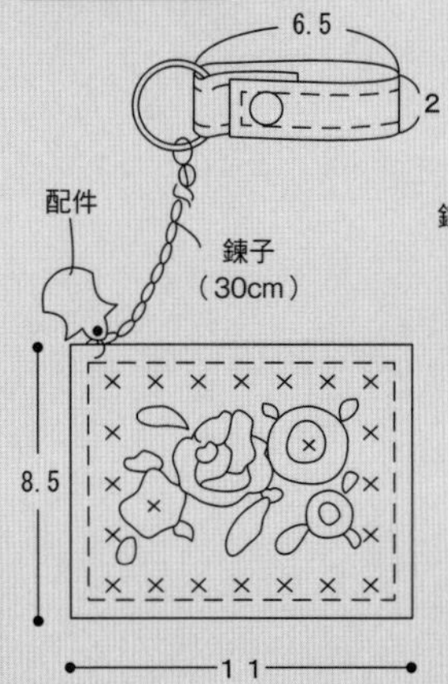

2.製作吊耳

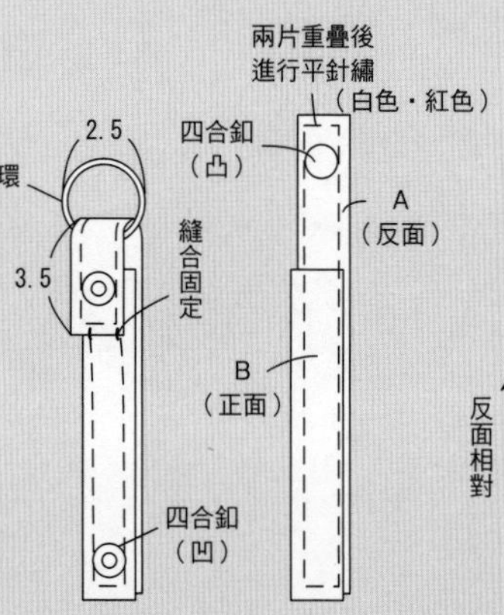

作法

1.製作本體

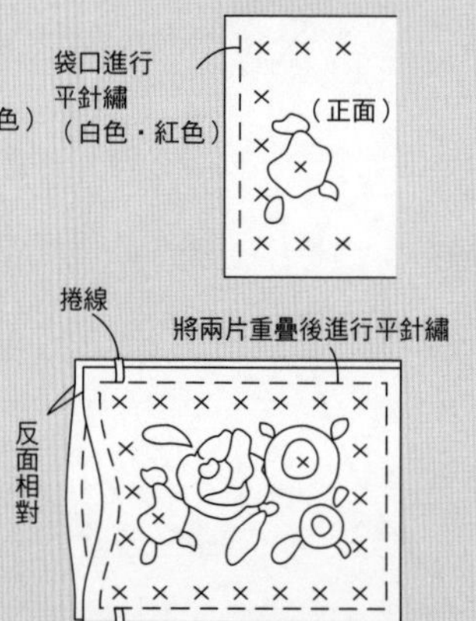

吊耳B

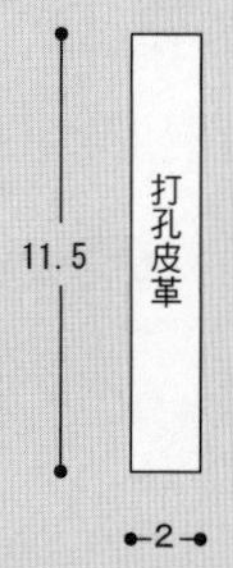

吊耳A

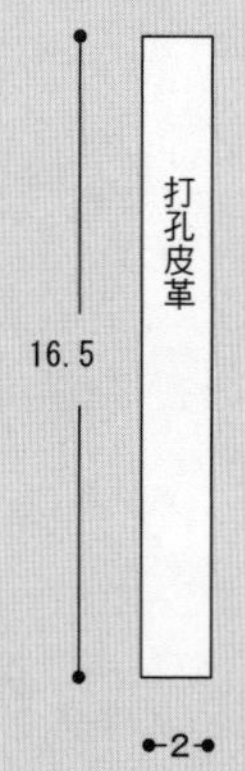

車票夾
本體（2片）

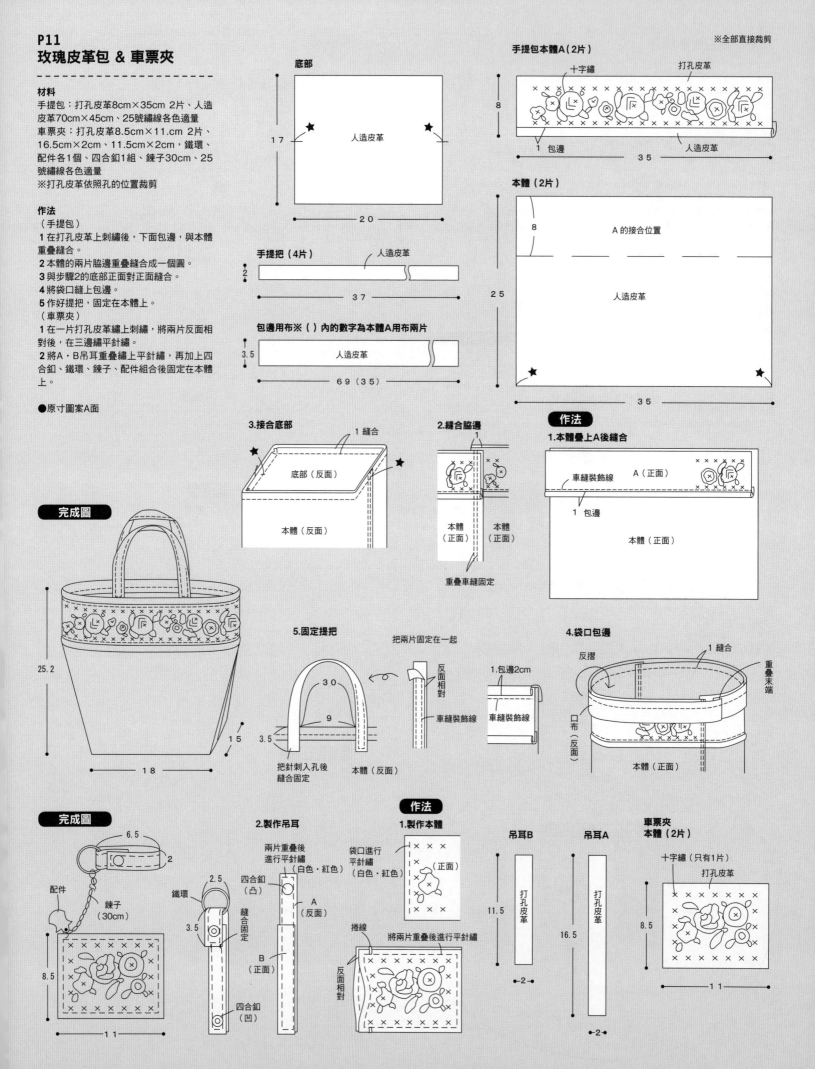

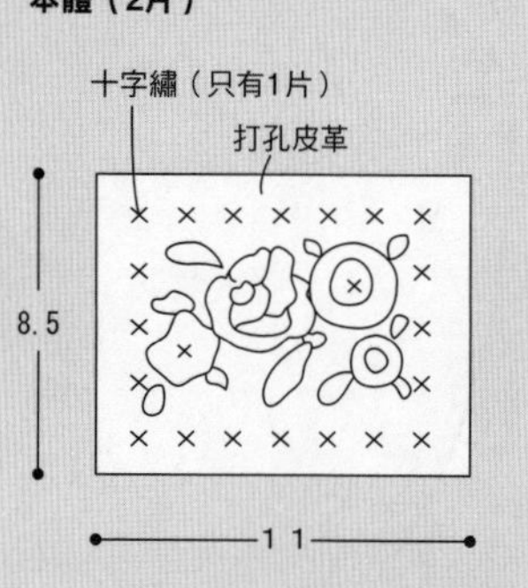

P21
單手把提包

材料
水藍色亞麻布32格（12目／1cm）、白色亞麻布各70cm×70cm、繩子6cm、玻璃釦1個、DMC25號繡線BLANC 1束

作法
1 水藍色亞麻布（35cm×30cm）從中心進行鏤空抽紗繡。
2 先把縫份畫好將兩片本體一起裁剪，正面對正面縫合，裡袋也相同作法縫合。
3 製作提把。
4 將本體與裡袋正面對正面夾著提把及繩子後，縫合袋口。
5 翻至正面縫合返口，並在袋口縫上裝飾線。
6 固定釦子。
※繡法參考P.21

完成圖

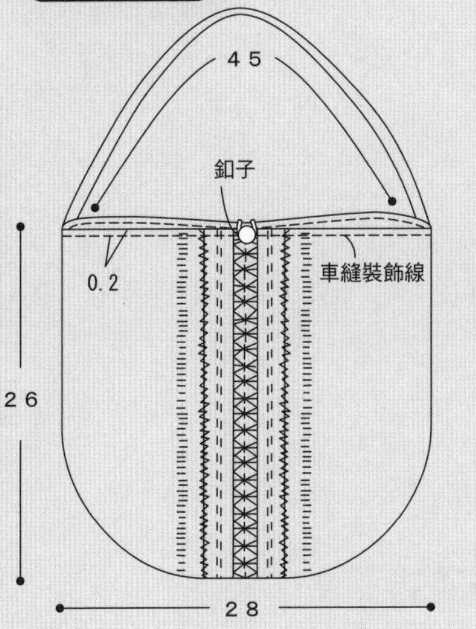

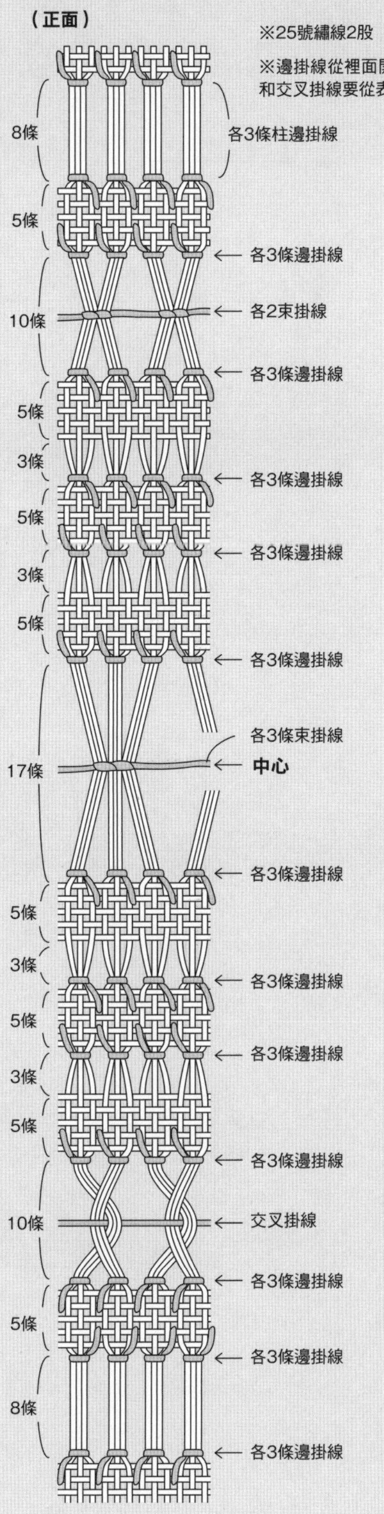

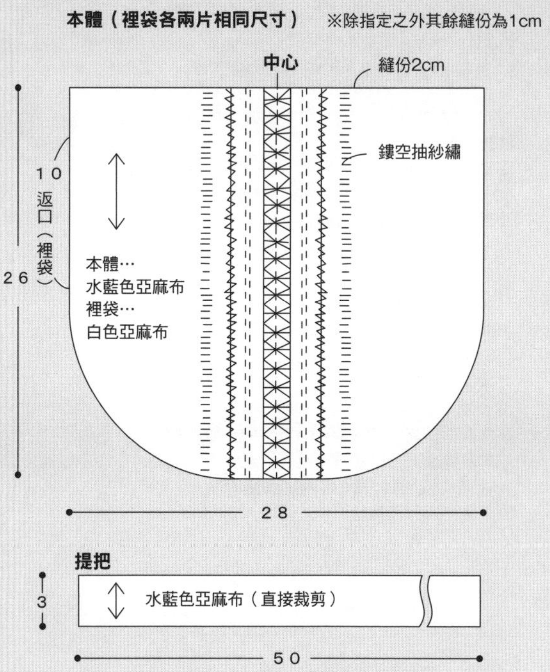

作法

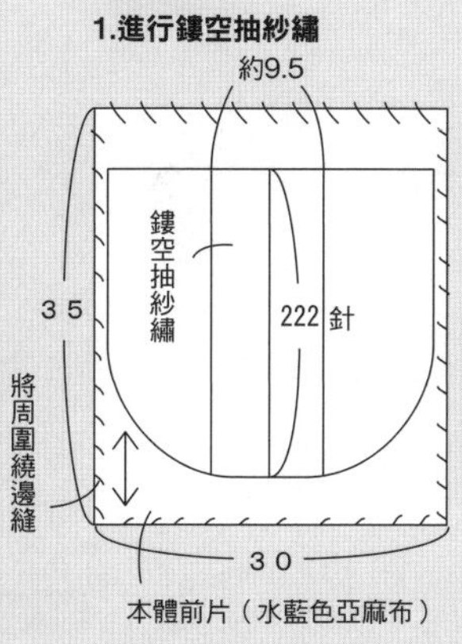

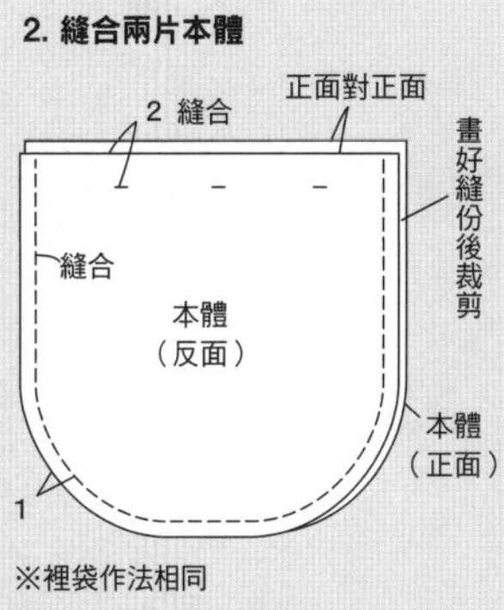

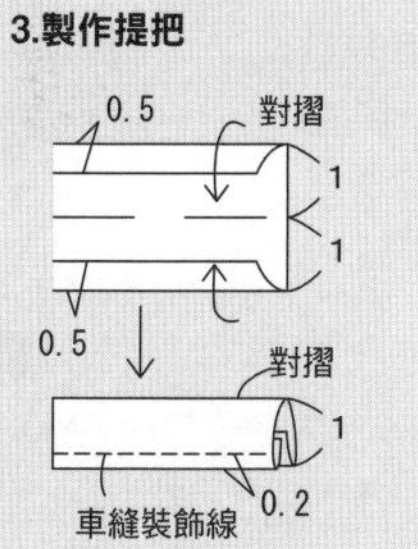

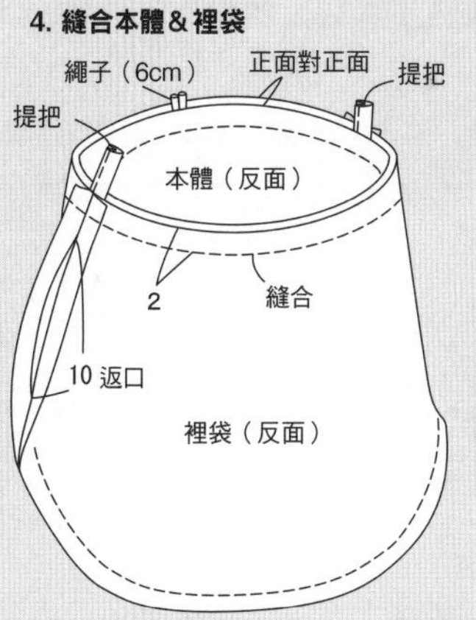

P16 粉櫻玫瑰胸花

材料
基底布適量、胸針用針（2cm）1個、直徑0.3cm小珠1個、胸針用鐵絲白色（30號）適量、COSMO25號繡線431、3651、700、382各色適量

作法
1 製作花芯，中心與小珠結合，將五片花瓣（參考P.16）的形狀整理好。
2 以繡線纏繞花莖，把胸針用針也繞在一起。
3 用四片花瓣作花苞與步驟2纏繞在一起。
※繡法參考P.16

完成圖

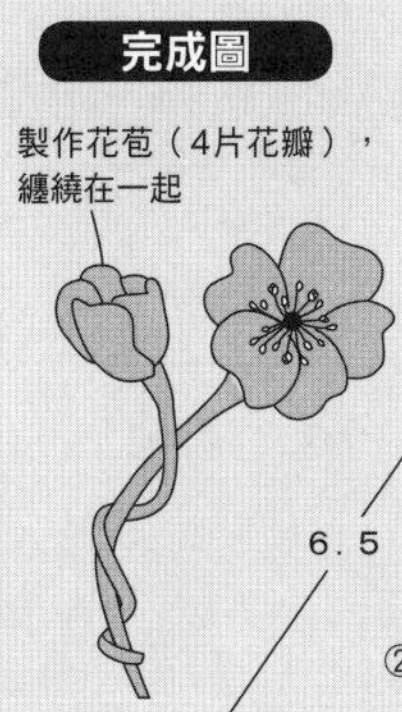

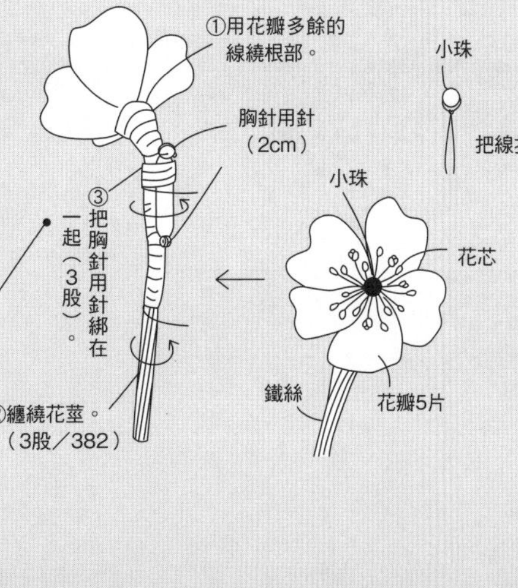

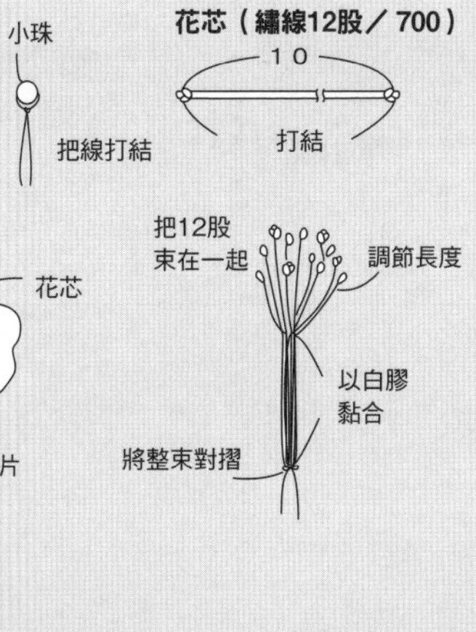

原寸紙型

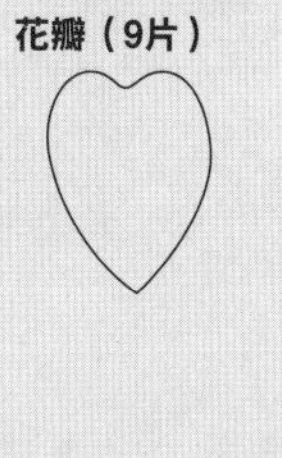

P30
HAPPAの桌墊＆迷你桌墊

材料

桌墊：白色亞麻布25格（10目／1cm）40cm×80cm、25號繡線各色適量

迷你桌墊1個：白色亞麻布25格（10目／1cm）25cm×30cm，25號繡線各色適量

作法

1 裁下大片的布，四周繞邊縫，中間進行十字繡。

2 決定好完成尺寸，留下需要的大小（織線）後，其餘剪掉。

3 在裡面的完成線、10條、8條的織線上作記號，裁剪下布的區塊。

4 從完成線開始把10條內側的織線抽掉，周圍摺三褶作邊掛線。

桌墊

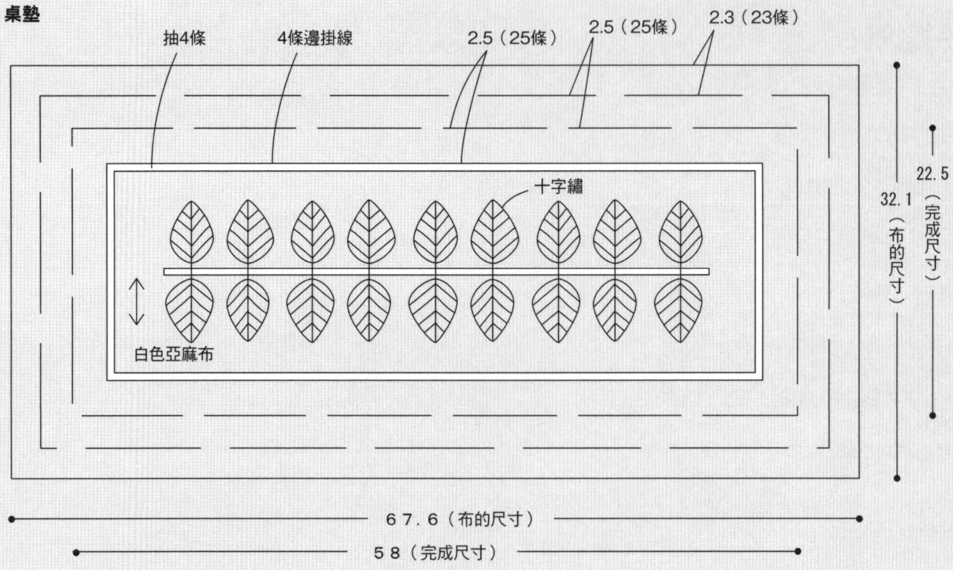

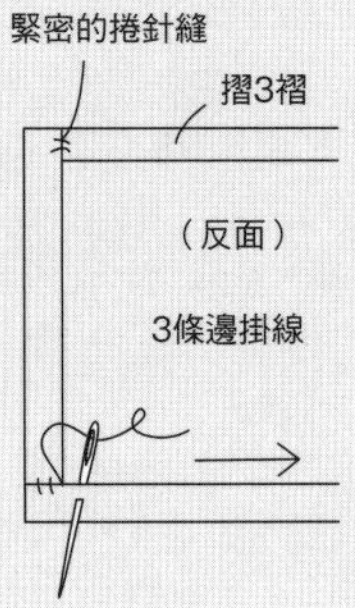

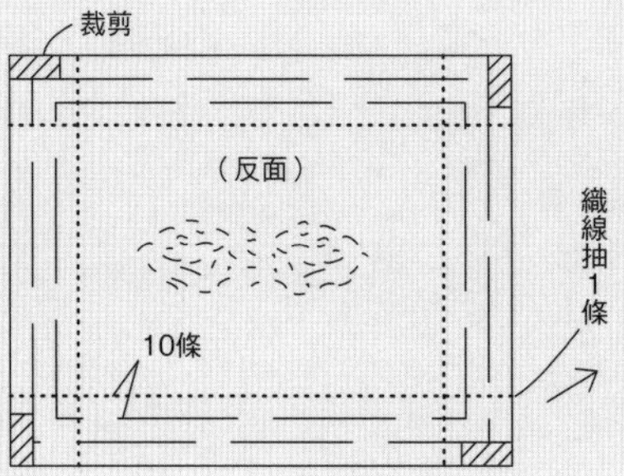

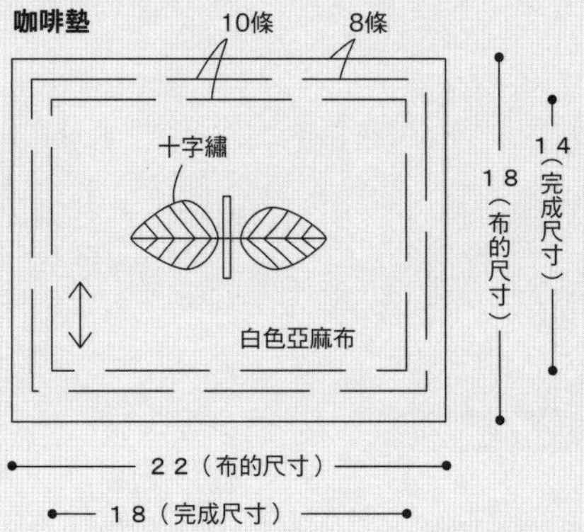

※全部使用DMC25號繡線2股
（在作品裡使用fru zippe-flora cottnm 1股）
※全部進行十字繡

桌墊原寸圖案

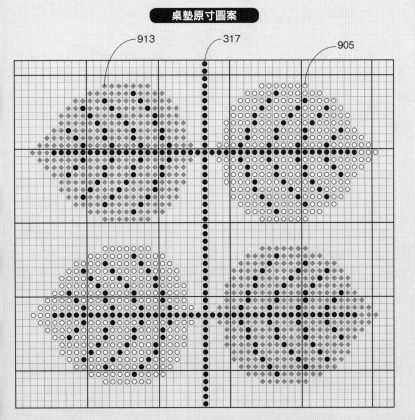

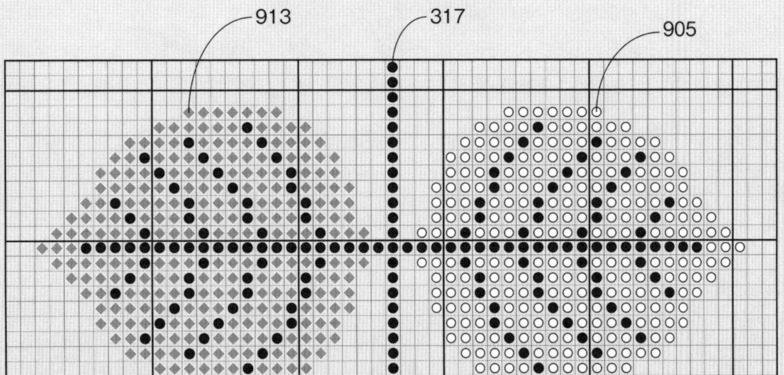

迷你桌墊原寸圖案

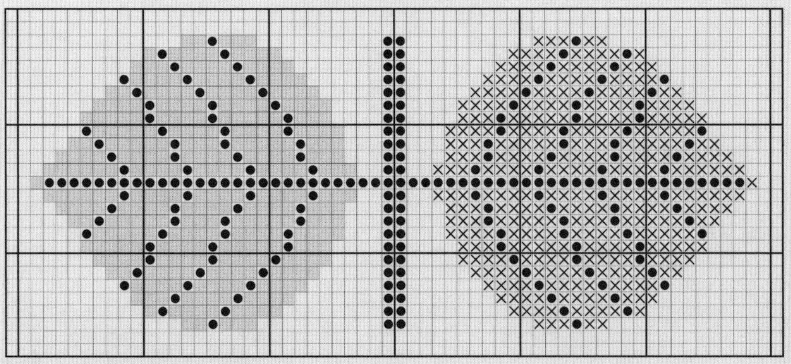

※色號：莖（共通）=317，葉子（綠色）704・906／（紫色）210・809／（藍綠色）3814・959

P62
法式布盒の裁縫箱

材料

厚紙3mm…〔底部A〕20.4cm×20.4cm 1片、〔側面B〕21cm×7cm 2片、〔側面C〕20.4cm×7cm 2片、2mm…〔蓋子D〕20.2cm×20cm 1片、〔C內側〕20cm×6.5cm 2片、1 mm…〔D內側〕20.2cm×20.3cm 1片

白報紙〔內底部〕20cm×20cm 1片，〔外底部〕20.8cm×20.8cm 1片，〔B內側〕20cm×6.5cm 2片

布…印花棉布110cm×25cm、格子亞麻布25cm×30cm、點點布100cm×25cm、原色亞麻布20cm×20cm、鋪棉15cm×15cm、1cm寬緞帶50cm、鉚釘2個、25號繡線各色適量

作法

1 把厚紙A・B・C貼起來，組合成箱子。
2 在本體的側面貼上布，底部內側、底部外側也要貼。
3 在當作上方的側面B裝上手提把。
4 在蓋子的厚紙板貼上布，中心挖開一個孔，在原色亞麻布上刺繡後與鋪棉重疊，配合開孔貼合。
5 在蓋子內側厚紙板貼上布，貼上用緞帶作的鉤環。
6 在盒子的左側C貼上步驟4多餘的預留布，依照C→B→蓋子內側的順序貼合。

●特別附錄圖案B面

※（ ）內的數字是內側的尺寸
※〔 〕內的數字是外側的尺寸

＜厚紙板厚度＞

A・B・C…3mm
D・C內側…2mm
D內側…1mm

A內側・外側・B內側…白報紙

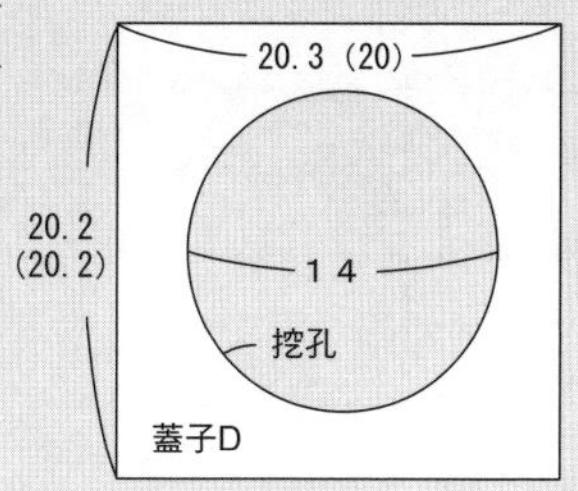

※內側不挖孔

厚紙板

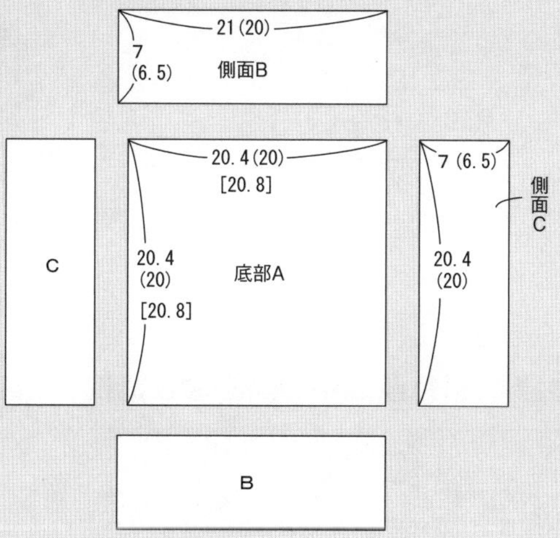

蓋子中心

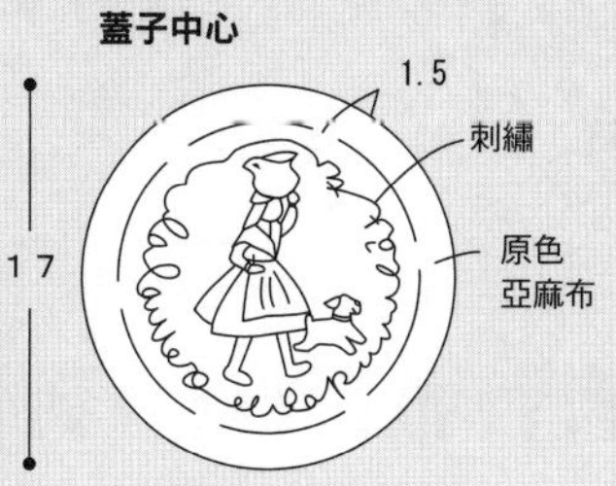

作法

1. 組合本體

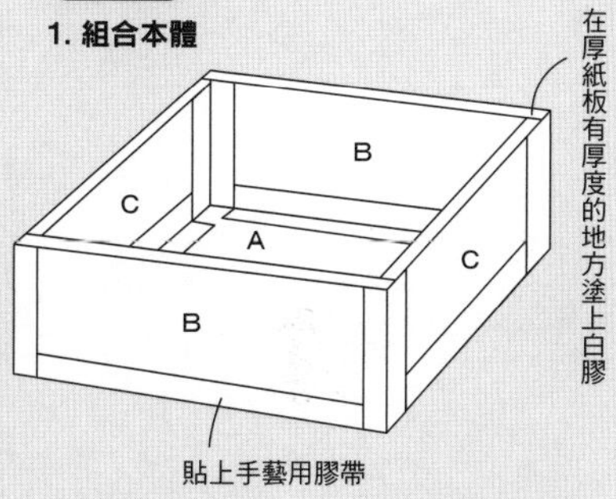

2.在本體貼上布

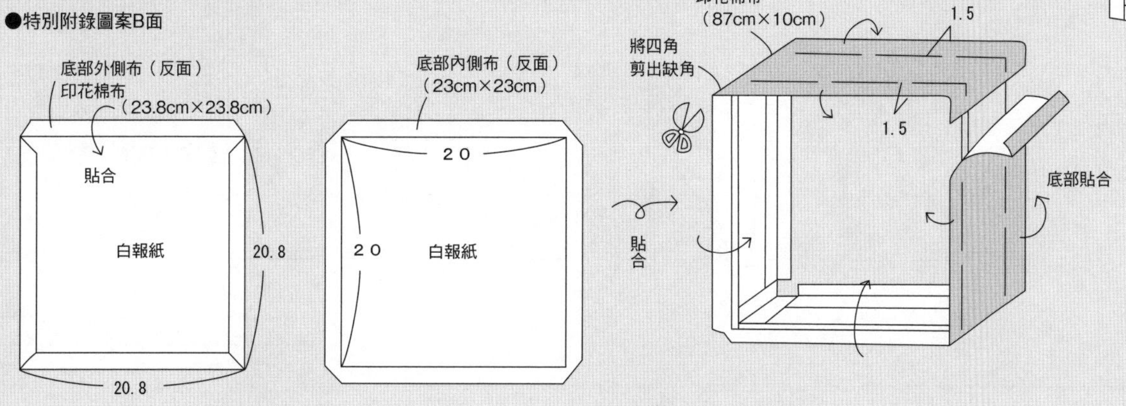

3. 裝上提把

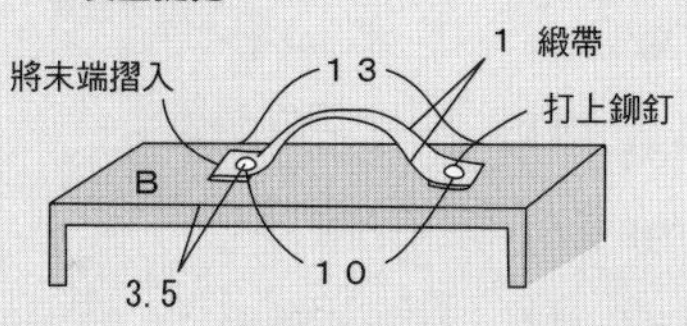

5.製作蓋子內側

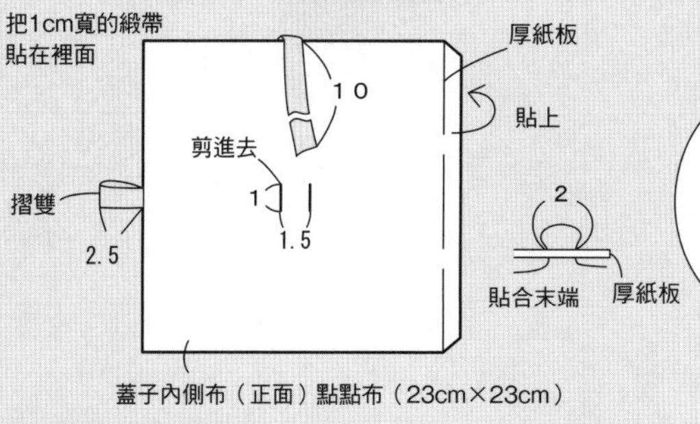

4.裝上蓋子

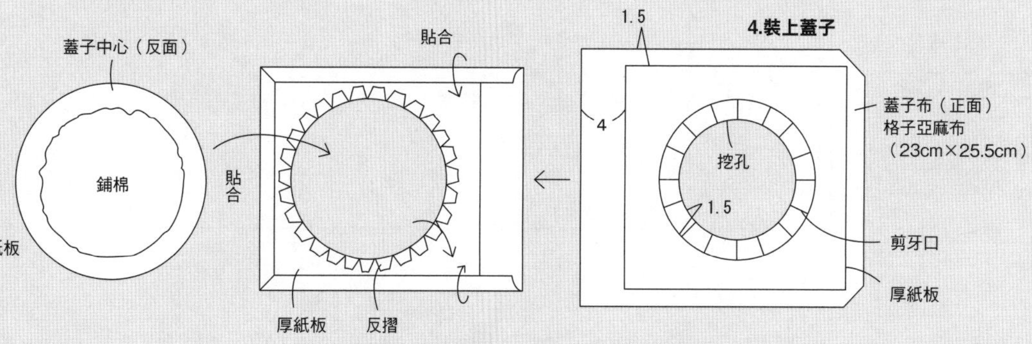

完成圖

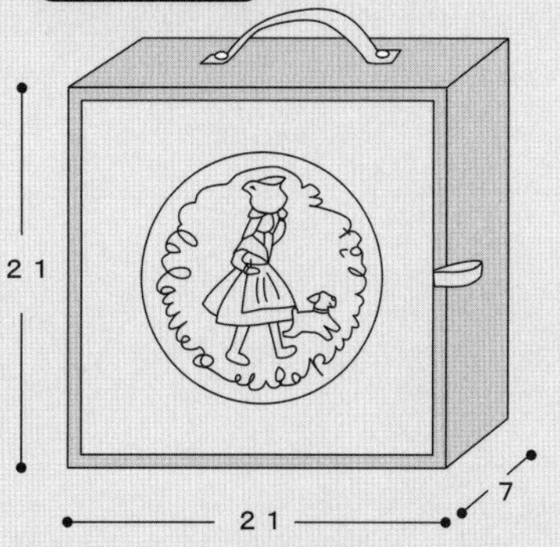

6.依順序貼合

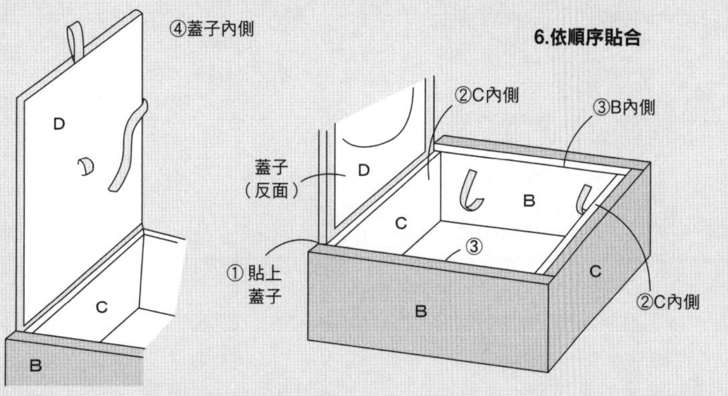

製作B上內側

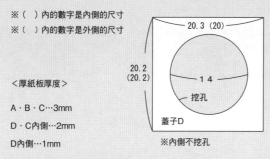

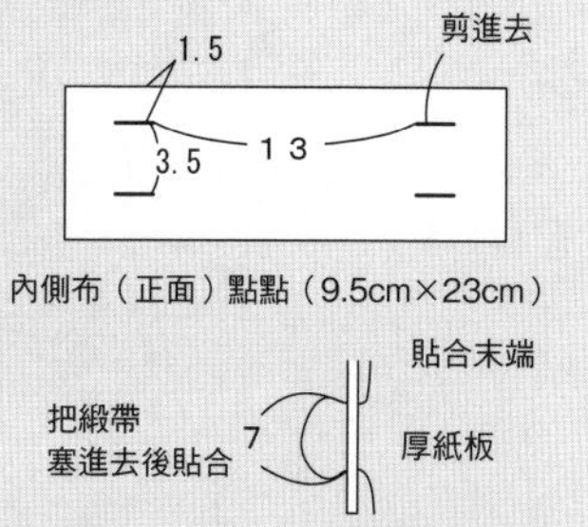

除了特別標註之外，全部皆為原寸圖案。

P10 花邊錢包

※全部使用DMC25號繡線1股
※全部進行十字繡
※布使用46格（18目／1cm）亞麻布2目×2目

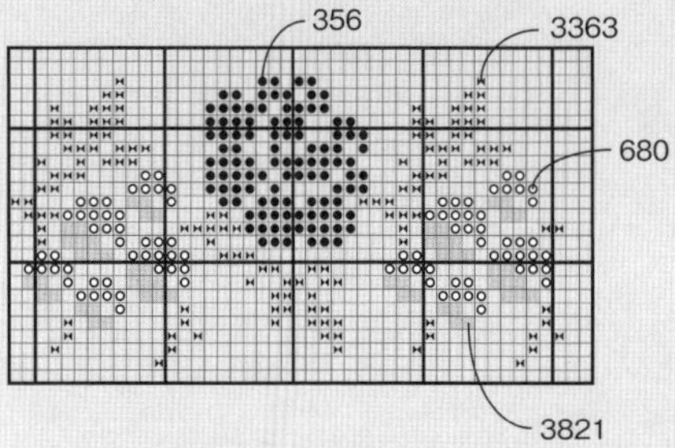

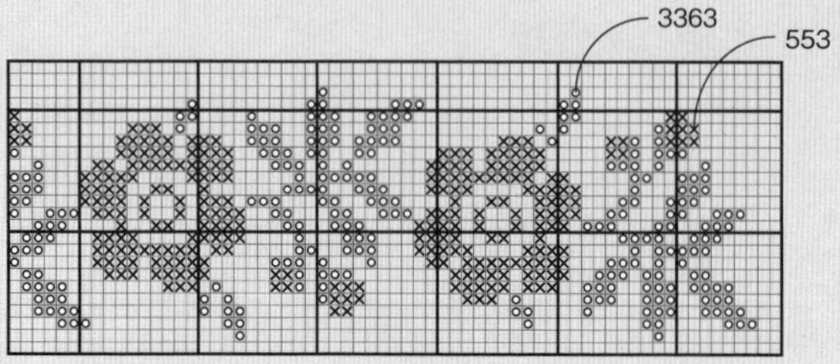

P27 彩色亞麻布の面紙套&抱枕

※全部使用DMC25號繡線2股
※除指定之外全部進行十字繡
※面紙包的使用是41格（16目／1cm）亞麻布2目×2目
※抱枕的布使用18格（7目／1cm）亞麻布1目×1目

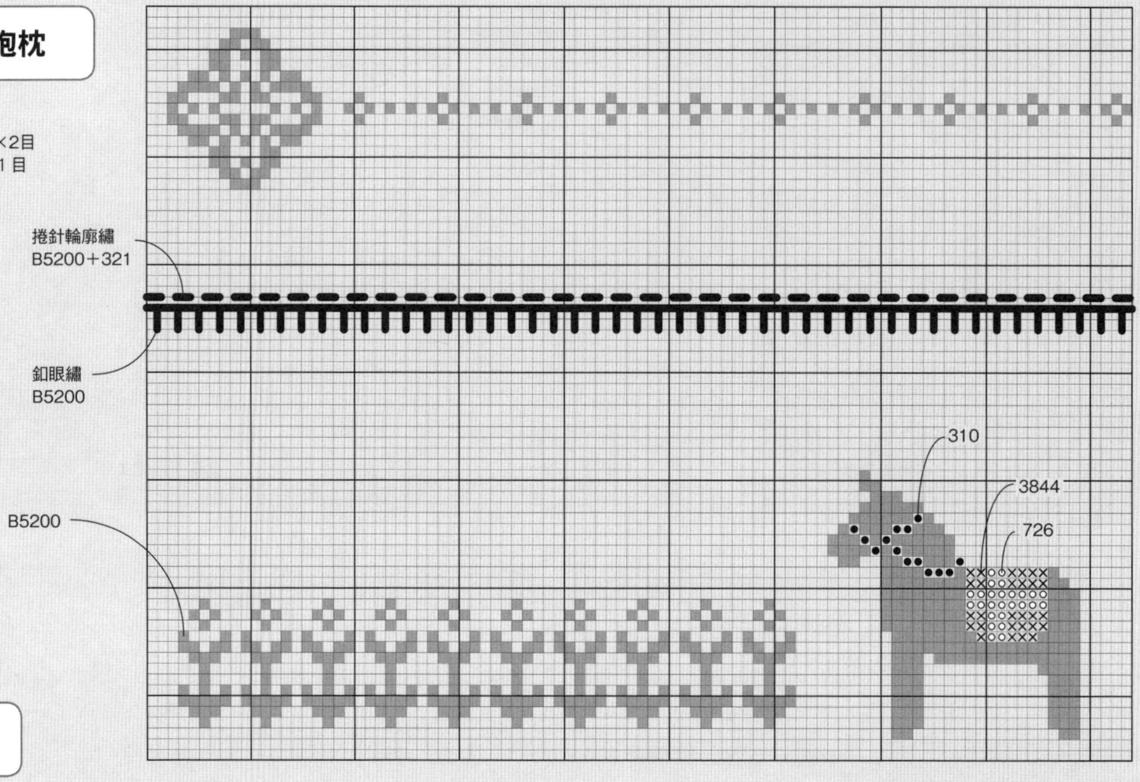

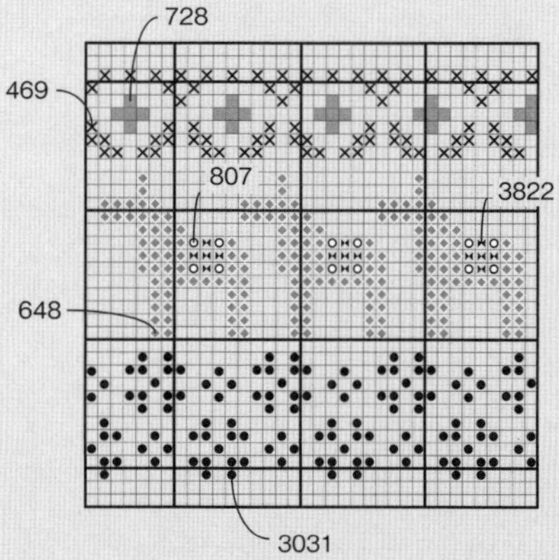

P7 串珠 & 十字繡框

※全部使用DMC25號繡線2股
※DB為亮珠
※布使用14格（55目／10cm）Aida

符號	色號
╲	604
○	604+DB1808
□	604+DB874
✳	761
◆	761+DB1808
□	761+DB1371
╳	3053
●	3053+DB1282
○	3053+DB112
■	320
⧗	320+DB1282
◎	320+DB112
▒	611
⋈	611+DB1282
⊛	611+DB112

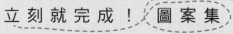

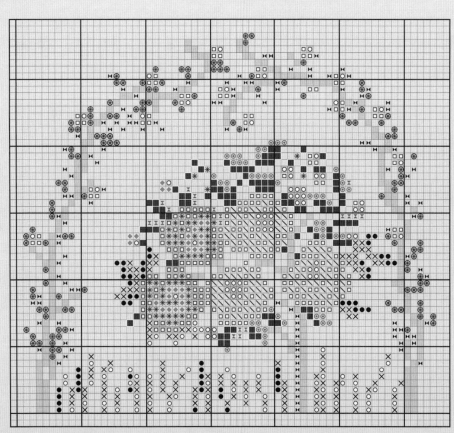

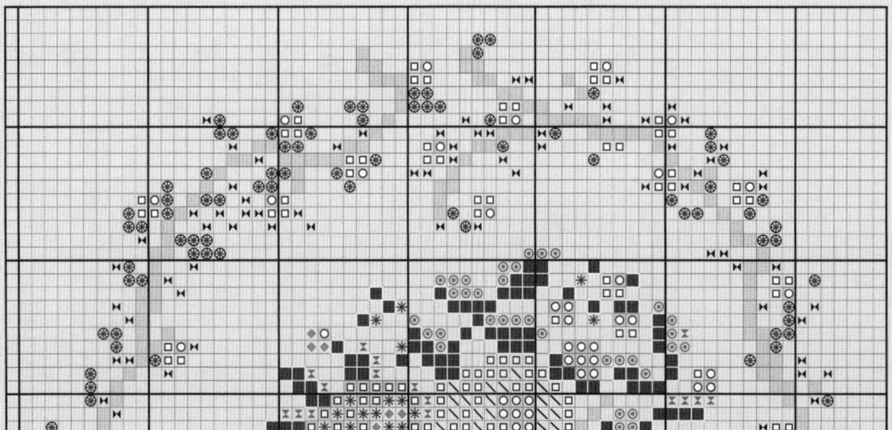

除了特別標註之外，全部皆為原寸圖案。

P28 雪花針線盒

※全部使用DMC25號繡線2股
※全部進行十字繡
※布使用32格（12.5目／1cm）亞麻布2目×2目

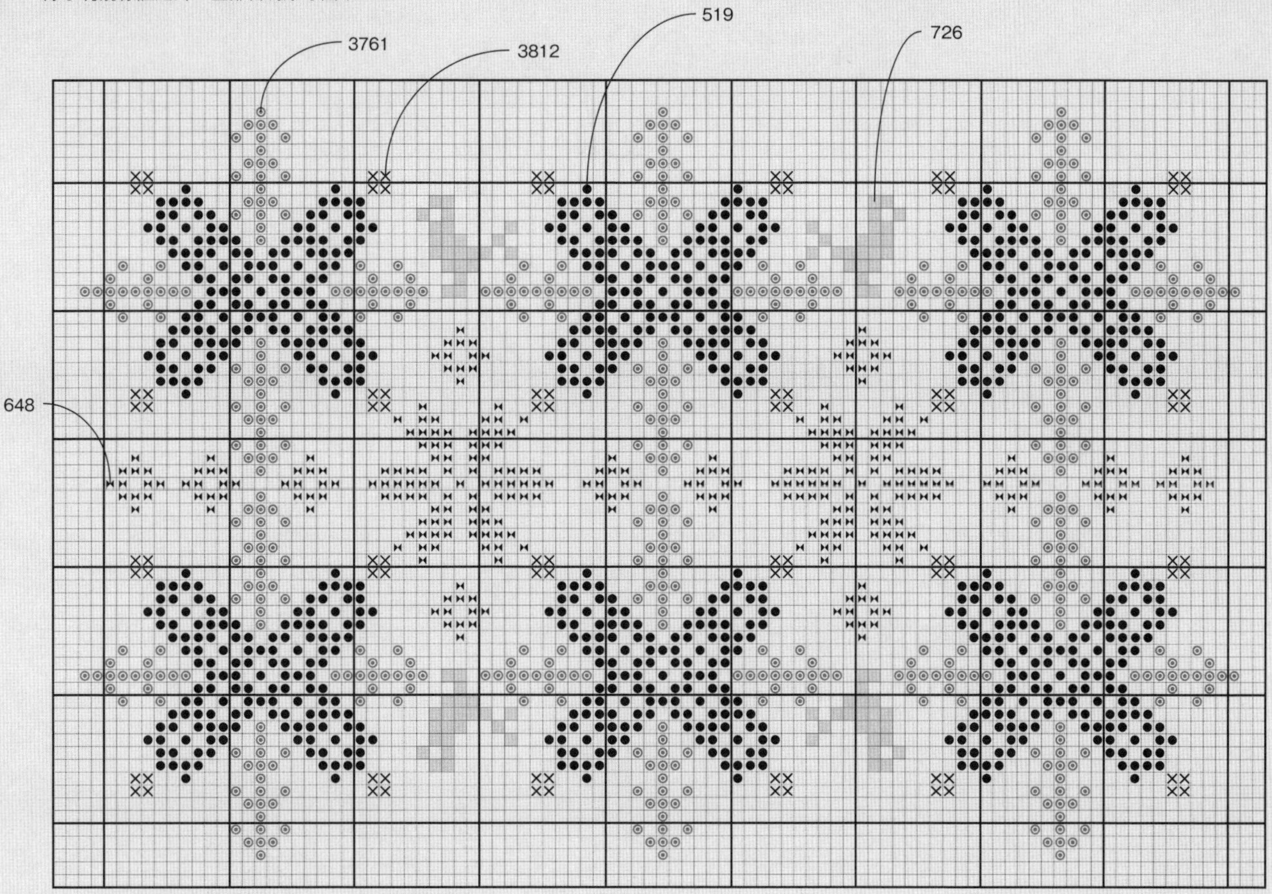

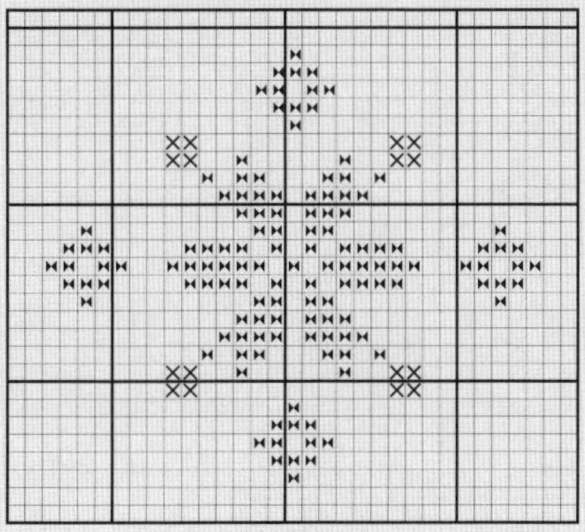

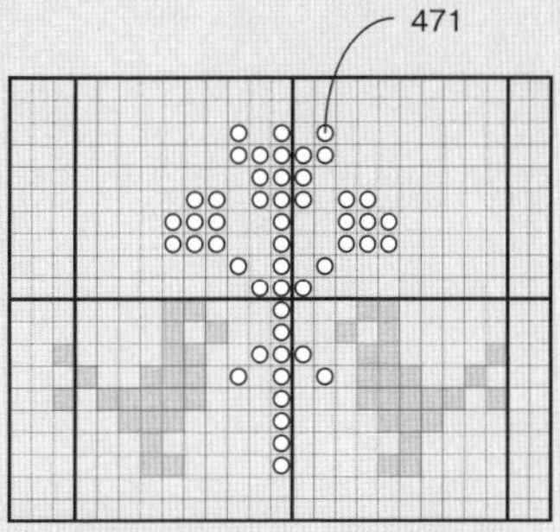

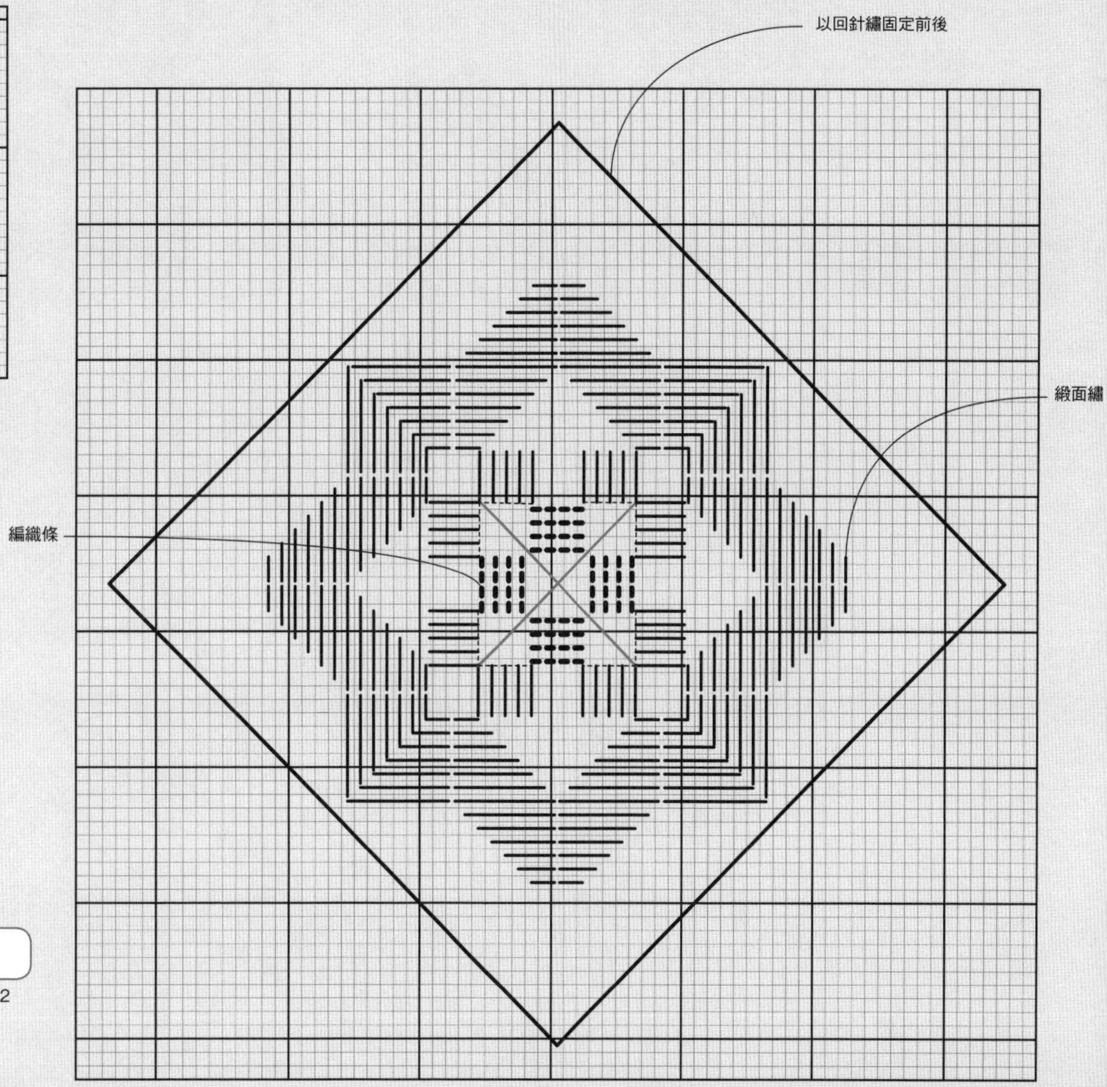

P19 剪刀掛飾

※除指定之外全部使用Anchor12號繡線1股 No.2
※布使用28格（11目／1cm）亞麻布
※繡法參考P19

除了特別標註之外，全部皆為原寸圖案。

P9 鬱金香小包

※全部使用DMC25號繡線2股
※全部進行十字繡
※布使用33格（13目／1cm）亞麻布2目 × 2目

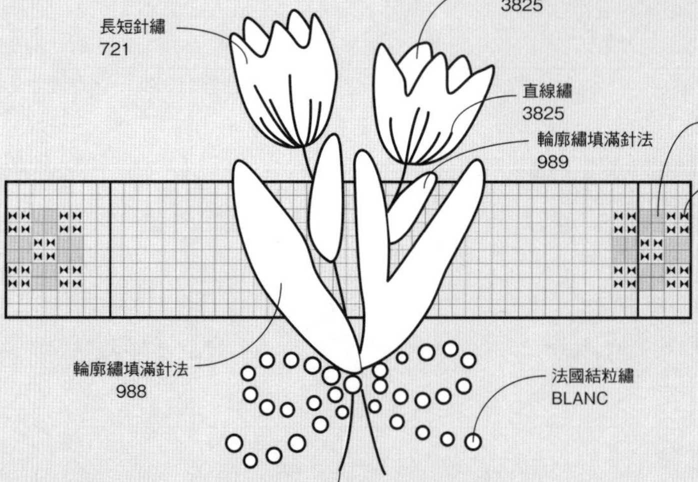

P10 罌粟花肩背包

※全部使用DMC25號繡線 777 2股
※全部進行十字繡
※布使用28格（11目／1cm）亞麻布2目 × 2目

除了特別標註之外，全部皆為原寸圖案。

P45 數字＆英文字母

※全部使用DMC25號繡線2股
※全部進行十字繡
※布使用28格（11目／1cm）亞麻布2目 × 2目

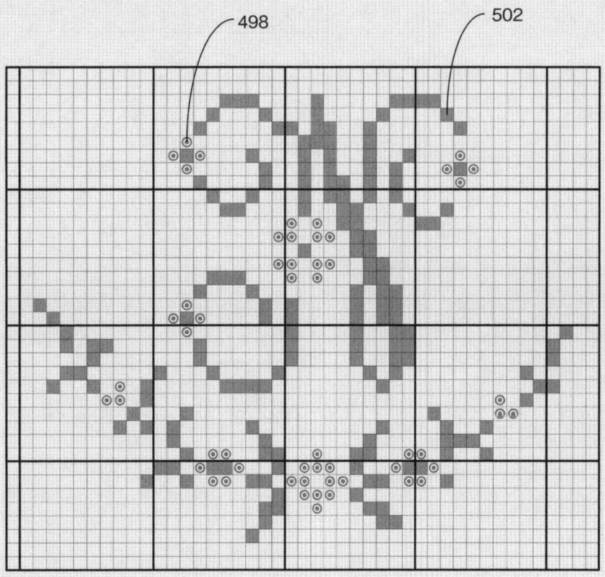

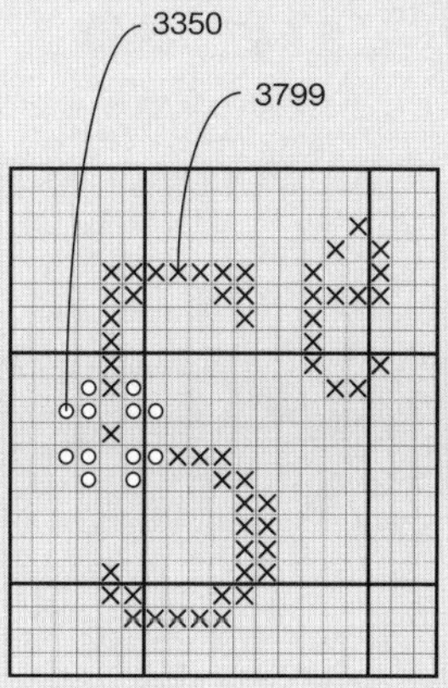

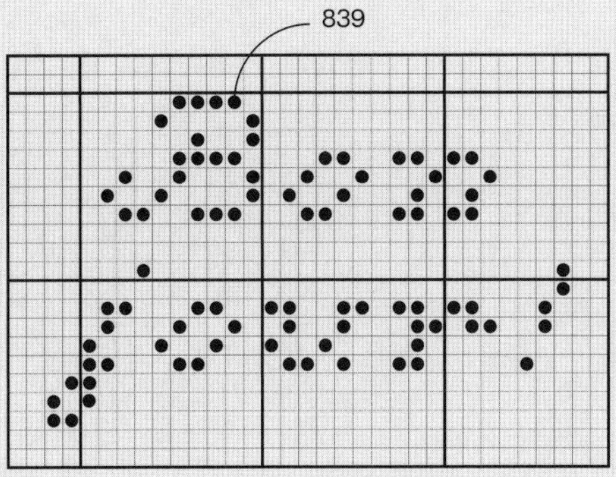

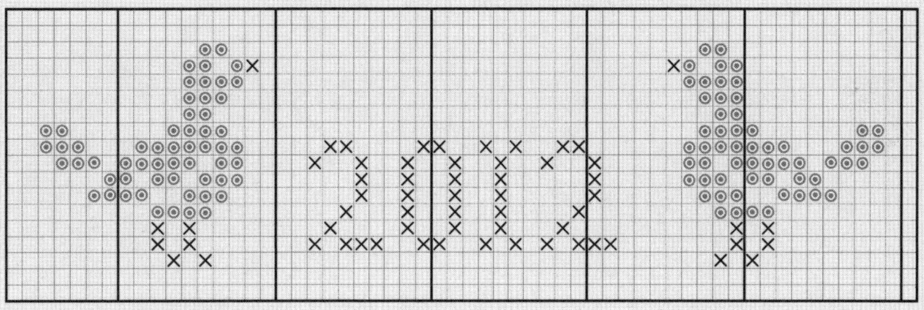

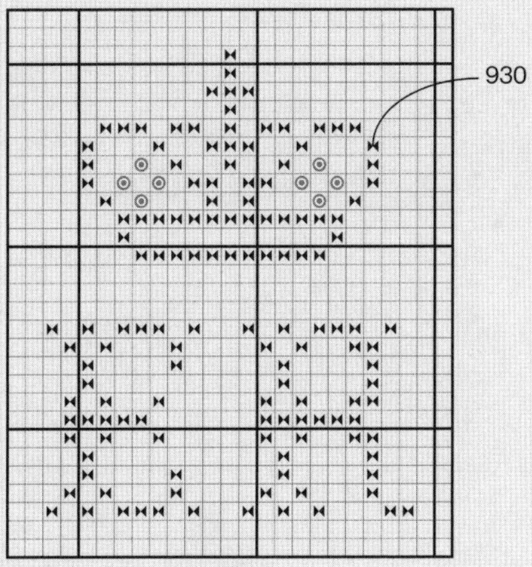

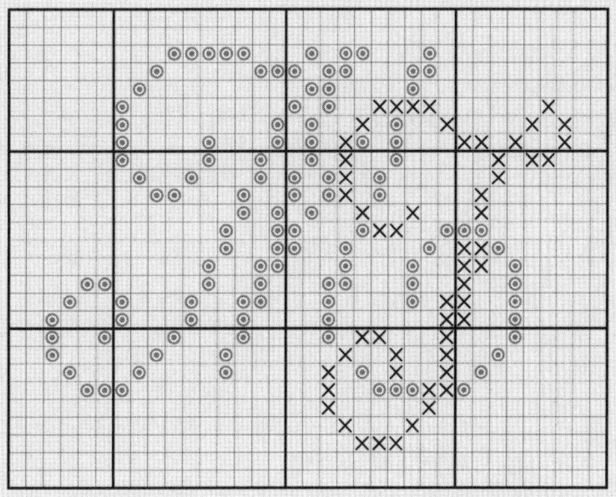

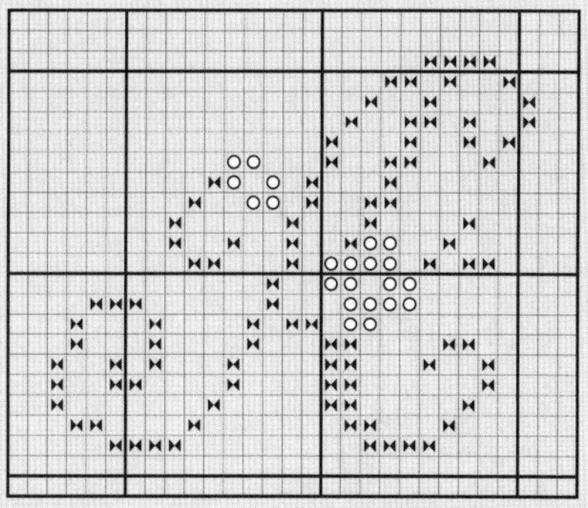

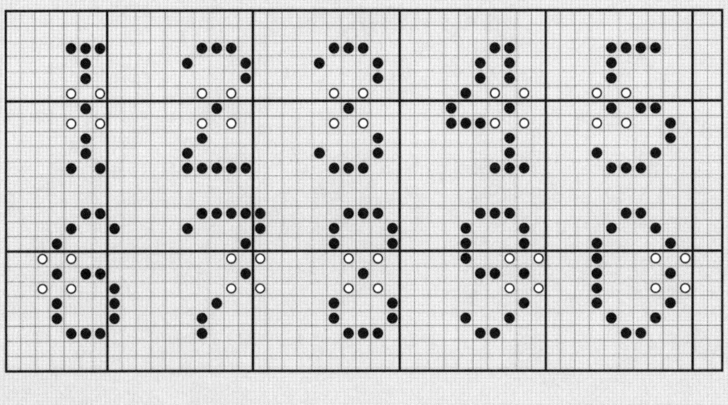

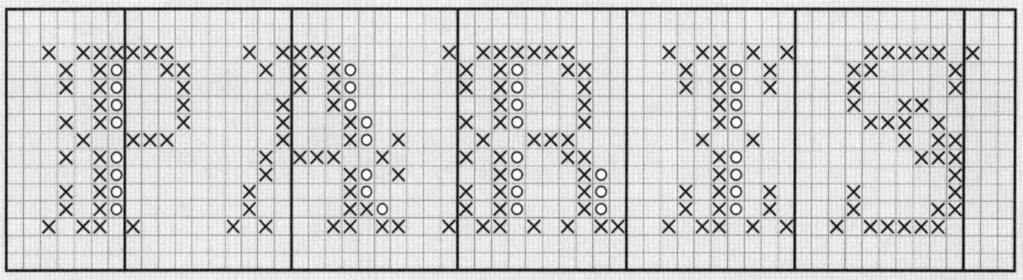

除了特別標註之外，全部皆為原寸圖案。

P47 東歐 & 幾何學

※全部使用COSMO 25號繡線2股
※全部進行十字繡
※布使用33格（13目／1cm）亞麻布2目 × 2目

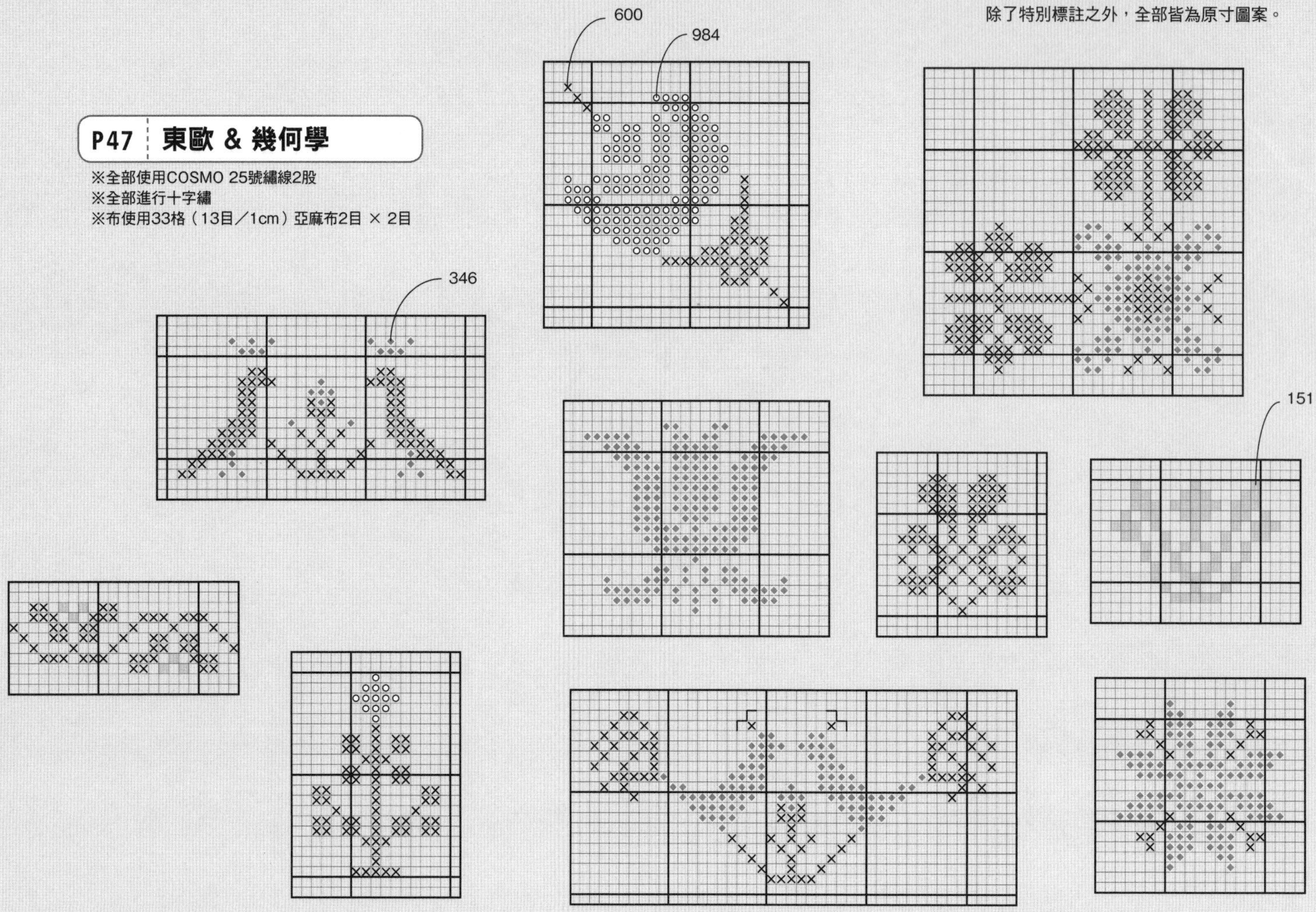

P49 茶葉罐圖案亞麻布手帕

※全部使用DMC號繡線1股
※除指定之外全部進行十字繡
※布使用38格（15目／1cm）亞麻布1目 × 1目

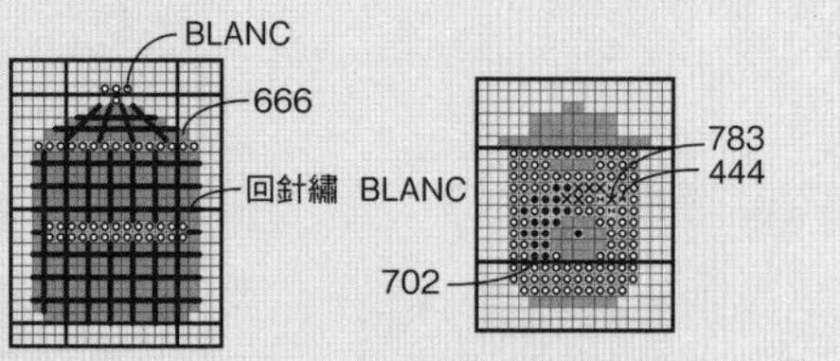

P49 海洋風布作衣架

※全部使用Olympus25號繡線2股
※全部進行十字繡
※布使用46格（18目／1cm）亞麻布2目 × 2目

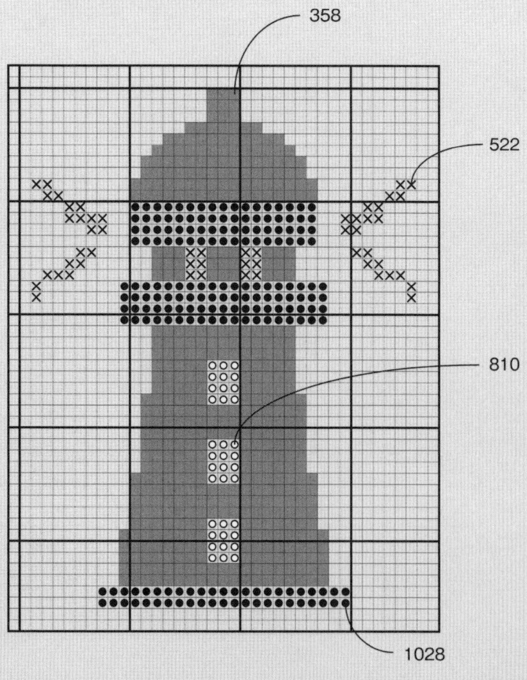

P49 洋裝迷你包

※全部使用DMC25號繡線2股
※全部進行十字繡
※布使用33格（13目／1cm）亞麻布1目 × 1目

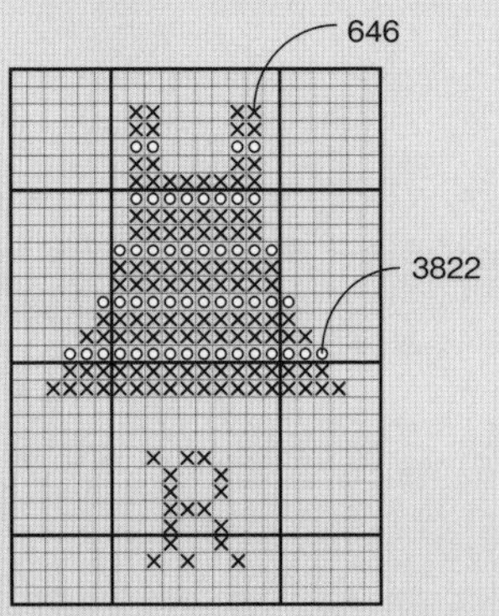

P46 藏紅花針插

※全部使用DMC25號繡線1股
※全部進行十字繡
※（　　）內是水藍色的花
※布使用40格（16目／1cm）亞麻布2目 × 2目

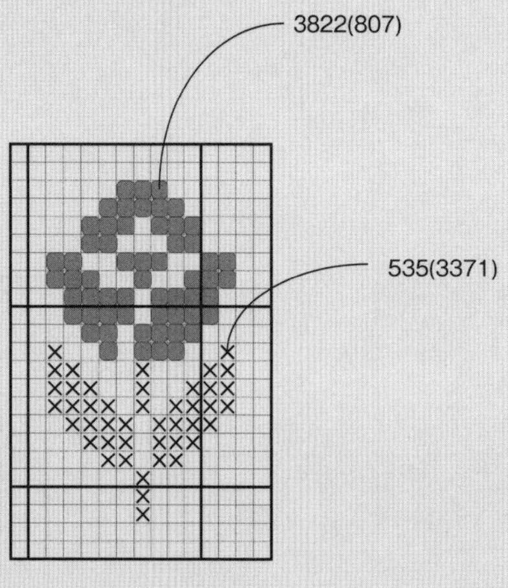

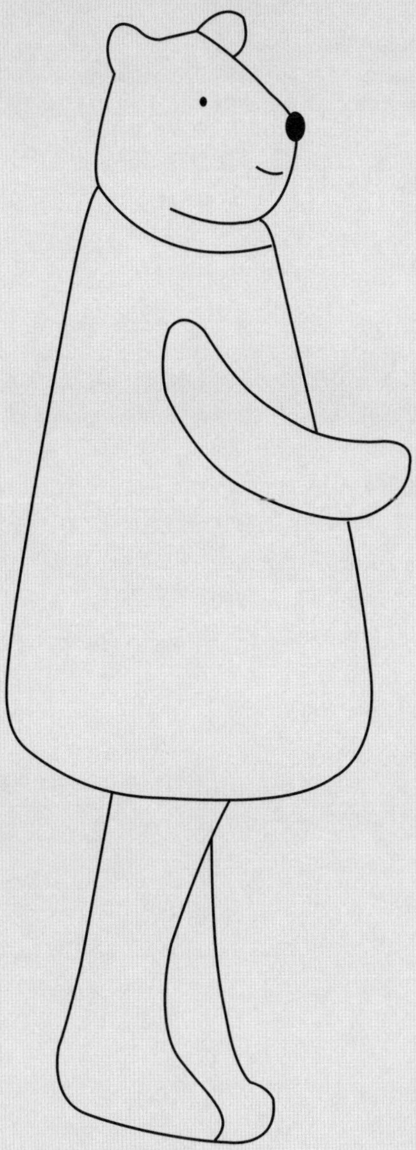

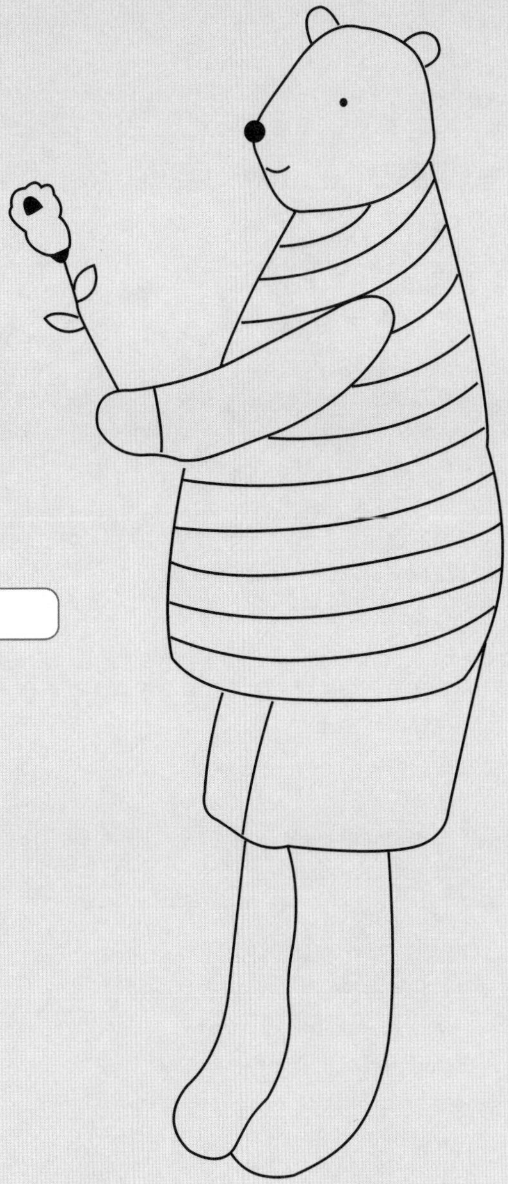

P.84 小壁掛

P.86 歐風刺繡提袋

國家圖書館出版品預行編目 (CIP) 資料

Stitch刺繡誌：花の刺繡好點子：80+春日暖心刺繡x可愛日系嚴選VS北歐雜貨風定番手作 / 日本ヴォーグ社著；映衣譯. -- 初版. -- 新北市：雅書堂文化, 2013.04
面； 公分. -- (刺繡誌；1)
ISBN 978-986-302-107-0(平裝)
1. 刺繡

426.2　　102004276

作者	日本ヴォーグ社
譯者	映衣
發行人	詹慶和
專業刺繡諮詢顧問	王棉老師
總編輯	蔡麗玲
執行編輯	黃璟安
編輯	林昱彤・蔡毓玲・劉蕙寧・詹凱雲・李盈儀
美術編輯	陳麗娜・周盈汝
封面設計	徐碧霞
內頁排版	造極
出版者	雅書堂文化事業有限公司
發行者	雅書堂文化事業有限公司
郵政劃撥帳號	18225950
戶名	雅書堂文化事業有限公司
地址	新北市板橋區板新路 206 號 3 樓
網址	www.elegantbooks.com.tw
電子郵件	elegant.books@msa.hinet.net
電話	(02)8952-4078
傳真	(02)8952-4084

Staff

日文原書製作團隊

設計	ohmae-d（高岡裕子　高津康二郎）
攝影	三浦明　蜂巣文香　平田かい　清永洋　山口幸一　川村真麻　森谷則秋　渡邊華奈　森村友紀
作法解說	鈴木さかえ
作法繪圖	龜谷佳奈
紙型繪圖	五十嵐華子
排版協力	アド・クレール
編輯	玉置加奈 梶謠子 大村真紀子 西津美緒 三井紀子
編輯長	秋間三枝子

2013 年 4 月初版一刷　定價 380 元

STITCH IDEES VOL.15

Photographer:AKIRA MIURA,HIROSHI KIYONAGA,KAI HIRATA,AYAKO HACHISU,KOICHI YAMAGUCHI,MARTHA KAWAMURA,NORIAKI MORIYA,KANA WATANABE, YUKI MORIMURA
Original Japanese edition published in Japan by Nihon Vogue Co.,Ltd.
Traditional Chinese translation rights arranged with Nihon Vogue Co,.Ltd.through Keio Cultural Enterprise Co.,Ltd.

總經銷／朝日文化事業有限公司
進退貨地址／新北市中和區橋安街 15 巷 1 樓 7 樓
電話／ (02) 2249-7714　傳真／ (02) 2249-8715
星馬地區總代理：諾文文化事業私人有限公司
新加坡／ Novum Organum Publishing House (Pte) Ltd.
20 Old Toh Tuck Road, Singapore 597655.
TEL： 65-6462-6141　FAX：65-6469-4043
馬來西亞／
Novum Organum Publishing House (M) Sdn. Bhd.
No. 8, Jalan 7/118B, Desa Tun Razak, 56000 Kuala Lumpur, Malaysia
TEL：603-9179-6333　FAX：603-9179-6060

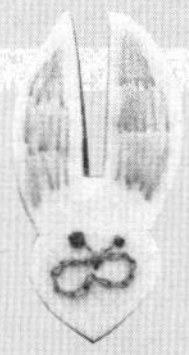

逗弄小寶貝的小手手、小腳丫……

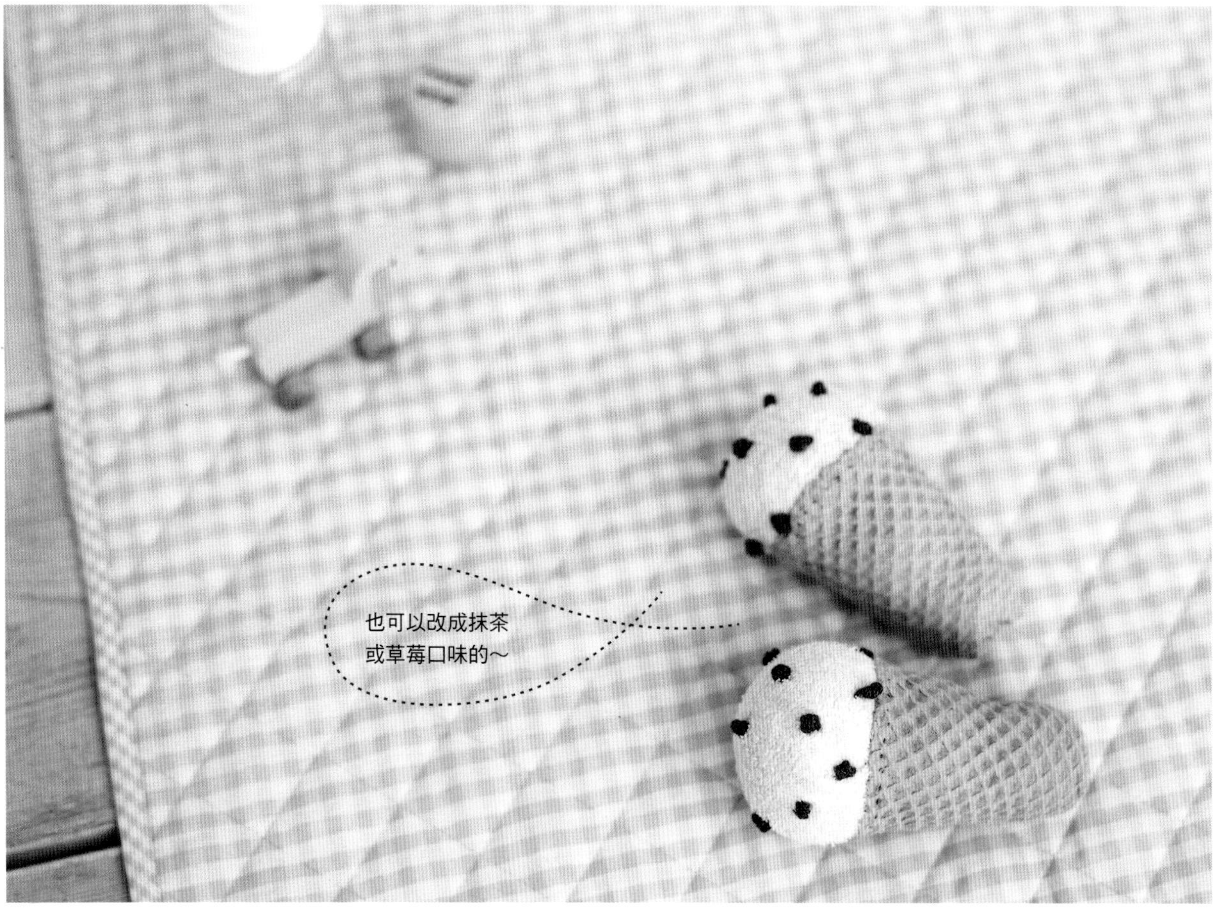

讓人好想咬一口的冰淇淋

奈良縣／北谷敦子

冰淇淋部分是柔軟的絨毛布，甜筒是鬆餅布，灑在上層的巧克力，則是以茶色繡線繡上，看起來又甜又可口，真想舔一口！誰知道拿在手上，卻發出嘎啦嘎啦的可愛的聲響！

※材料　＜1個＞絨毛布20cm的正方形、鬆餅布（甜筒用）15cm的正方形、棉紗線、風箏線、搖鈴部分、棉花

※冰淇淋部分是將絨毛布裁剪成直徑19.5cm的圓後以刺繡（結粒繡）裝飾。甜筒部分則是將鬆餅布裁成半徑13cm的1/4圓。

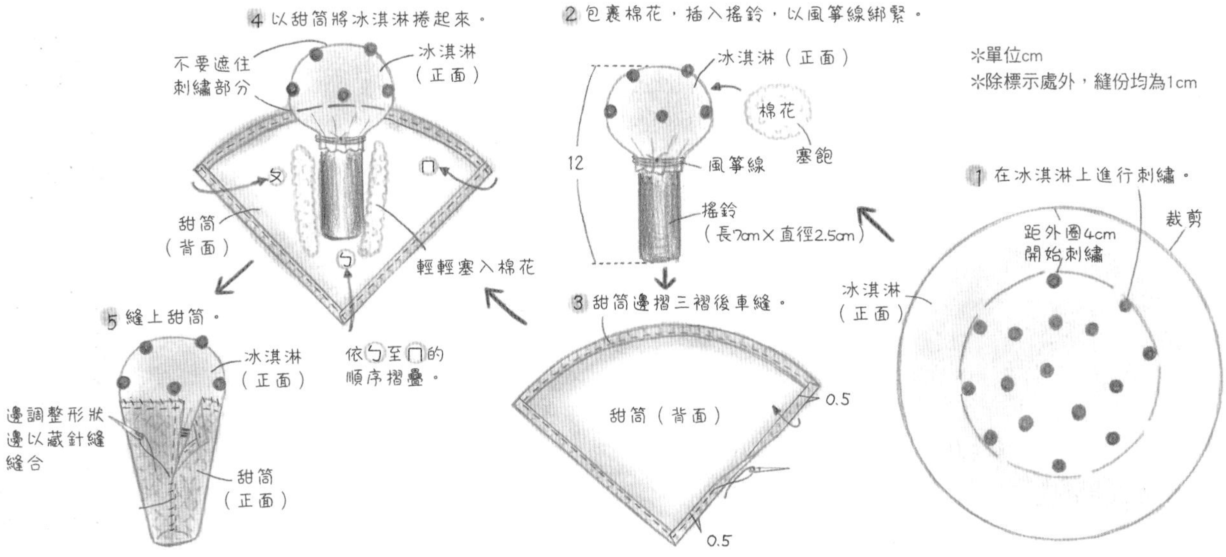

以手掌般大小的碎布，縫製出一件件小巧的娃娃裝！

今天就穿連身
洋裝出門吧！

微笑迷你人偶

和歌山縣／坂口安水

因為是15cm的超迷你女生布偶，身上的衣服當然也只要幾片碎片就能縫好了。同款的設計請試著變換花色多縫幾件喔！孩子們一定會樂不可支的玩著換娃娃裝的遊戲。

※材料　＜**女生**＞原色素色布（身體．手．腳用）25cm的正方形、褲子用布20×10cm、衣身用布15×10cm、裙用碎布數種、寬0.8cm水兵帶、極細毛線、直徑0.6cm的鈕釦、棉花、布用壓克力畫具（畫臉頰用）

✳原寸紙型B面

※單位cm
※除標示處外，縫份皆為0.5cm

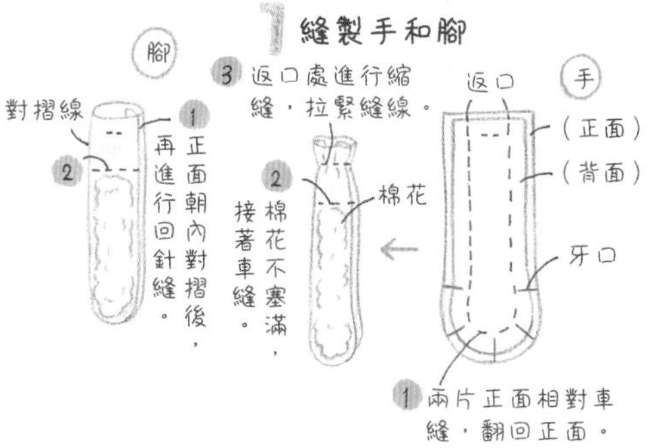

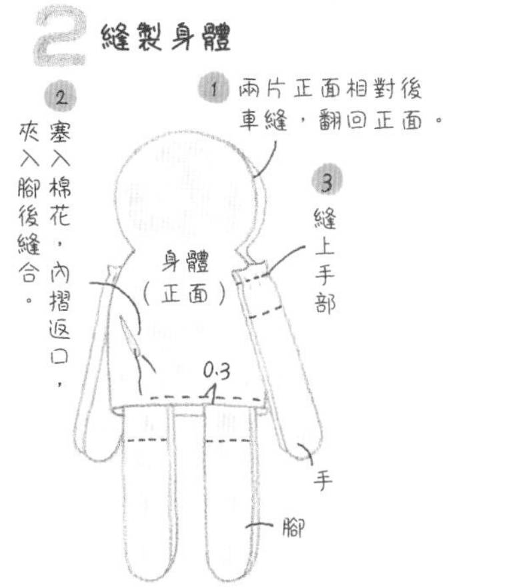

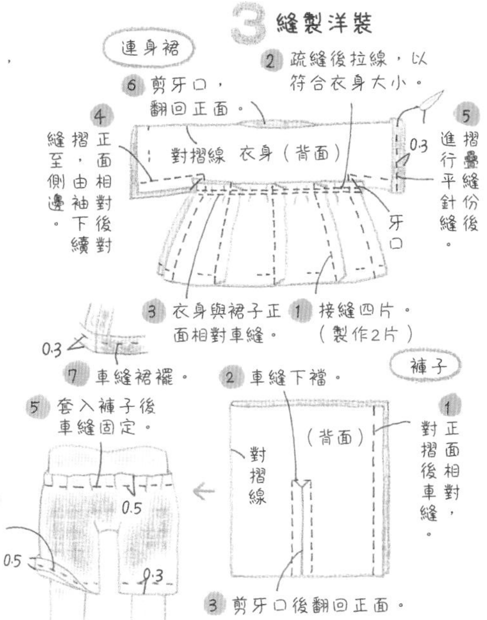

時尚黑兔兔

熊本縣／倉橋佐知子

為了營造鬆鬆垮垮的感覺，兔子的身體部分特別使用亞麻材質。縫製前先下水，洗掉漿，軟化布料。單獨坐在椅子上的樣子，看起來很放鬆喔！

※材料　黑色亞麻布35cm的正方形、棉麻的花紋布（身體）、格紋布（耳・手部尖端內側・腳底用）各20×15cm、寬5cm麻質蕾絲30cm、兩種麻線、25號繡線（4股）棉花、3/0號鉤針

✳原寸紙型 B面

※單位cm　※除標示處外，縫份均為0.7cm

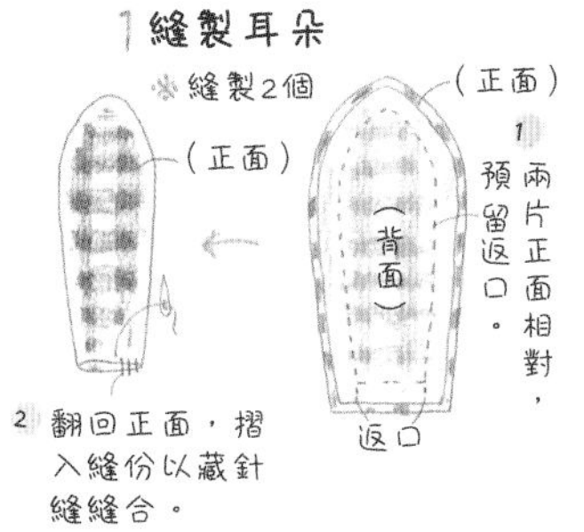

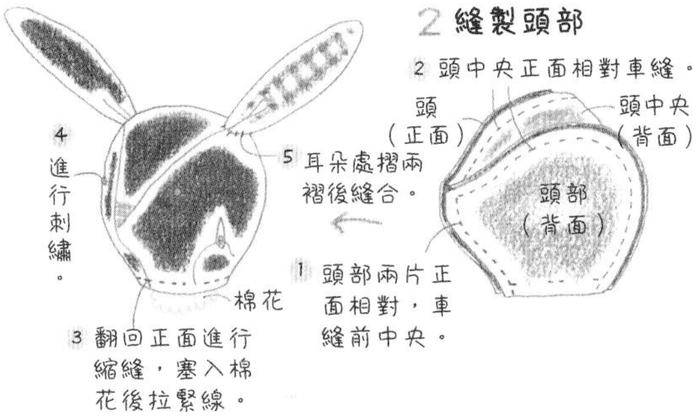

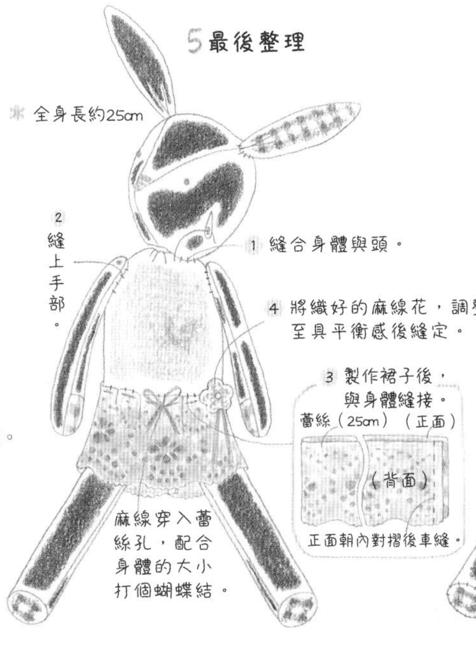

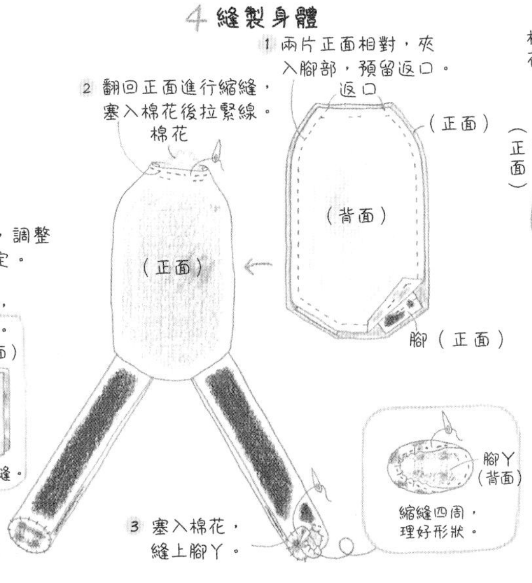

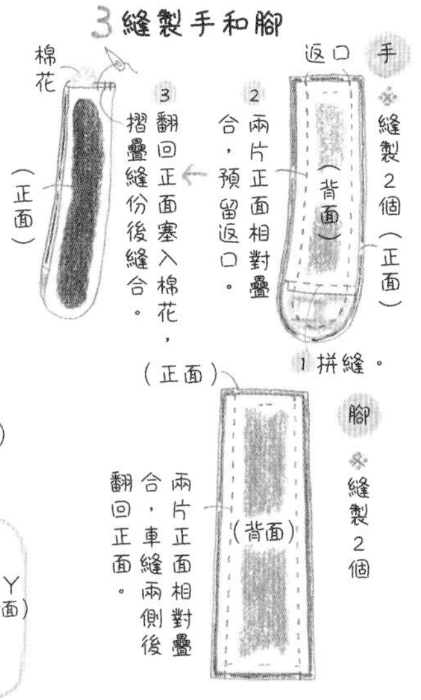

✳織花的編結圖

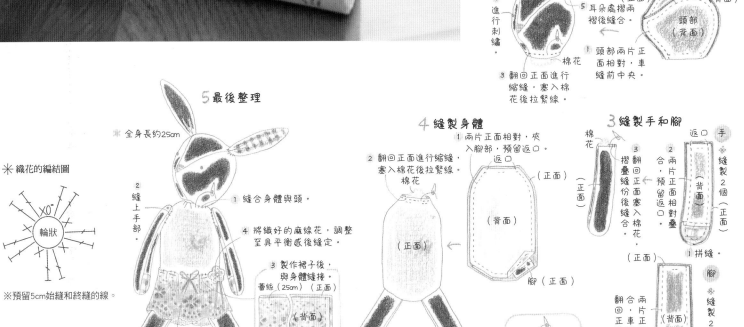

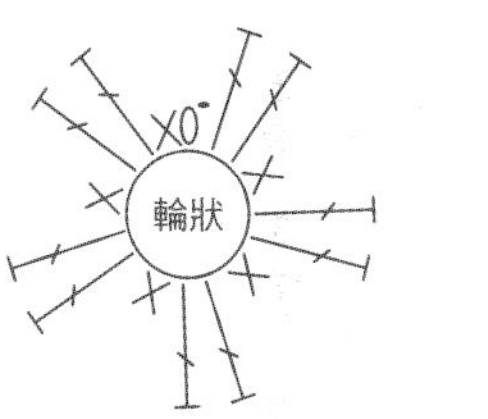

※預留5cm始縫和終縫的線。

- ⬭ 鎖針
- ⬬ 引拔針
- X 短針
- 丅 長針

渾圓小胖肚藍企鵝

神奈川縣／村田雅美

搖搖晃晃的母企鵝，頭上綁著花花頭巾，悄悄透露出愛漂亮的性格。身體是羊毛布、肚子是絨毛布，舒適地觸感，讓人想將牠抱在懷裡。

※材料　靛藍色羊毛布（頭・身體・翅膀）30cm的正方形、淺茶色絨毛布（肚子和翅膀裡布用）25cm的正方形、頭巾用布15cm的正方形、不織布、寬0.8cm蕾絲50cm 、直徑0.4cm眼珠用鈕釦2顆、填充用塑料顆粒、棉花

※原寸紙型 B面

※單位cm
※除標示處外，縫份均為0.5cm

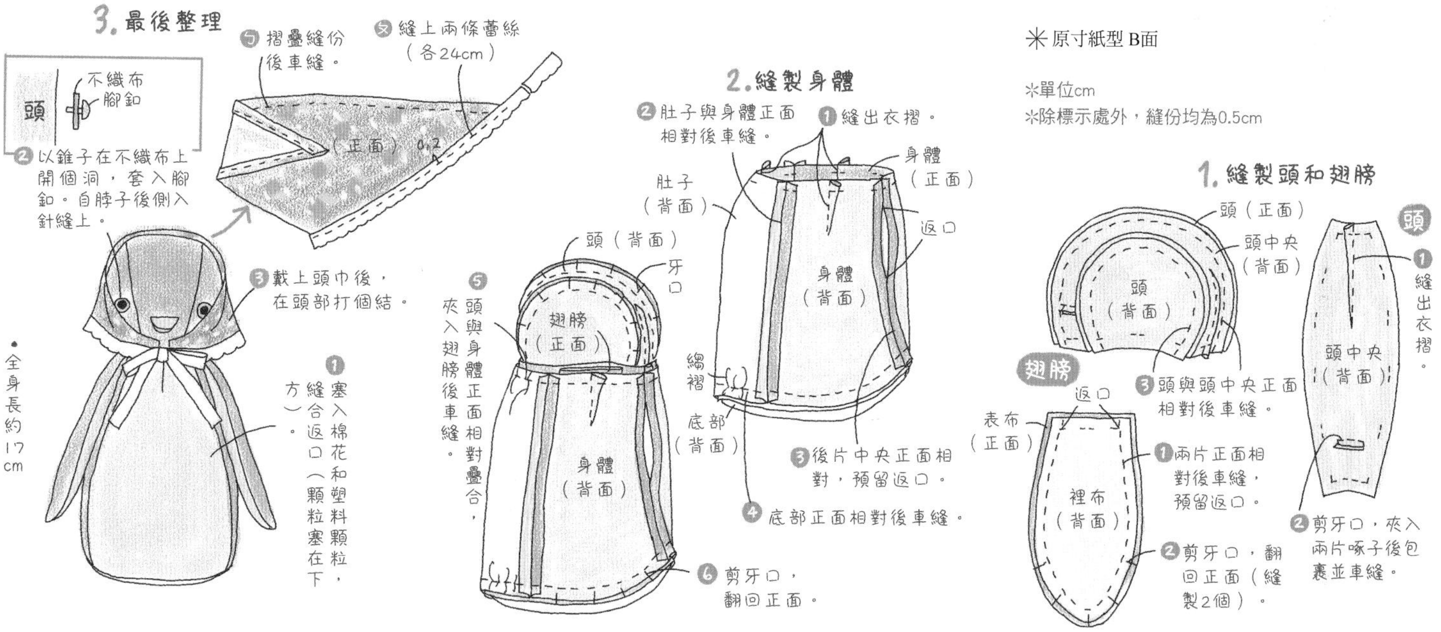

超夯的絨毛布，軟綿綿的質感，令人溫暖又安心！

淘氣小猴

靜岡縣／嶋岡直子

這款作品是全家人一起參與設計的。首先由女兒畫圖，老公接著根據繪圖製作紙型，最後由媽媽動手縫。眼睛與耳朵的位置，還是由大家開會決定的，怪不得表情那麼可愛。連背面也不馬虎喔！

※材料　茶色絨毛布（頭A・外耳・身體・手・腳用）30cm的正方形、原色絨毛布（頭B・內耳・手腳・腳尖用）20cm的正方形、黃色素色布（褲子、圍巾用）45×20cm、吊帶用布10×15cm、口袋用布、直徑1cm腳釦2顆、直徑0.8cm鈕釦4粒、5號繡線、棉花

※原寸紙型 B面

※單位cm　※除標示處外，縫份均為0.5cm

4. 縫製褲子

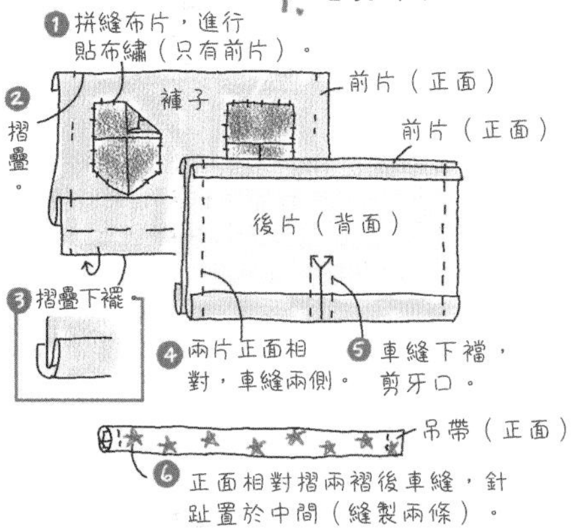

3. 縫製身體

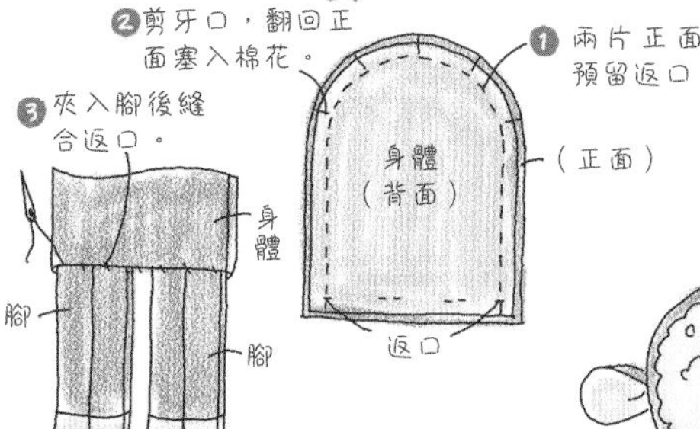

1. 縫製頭部

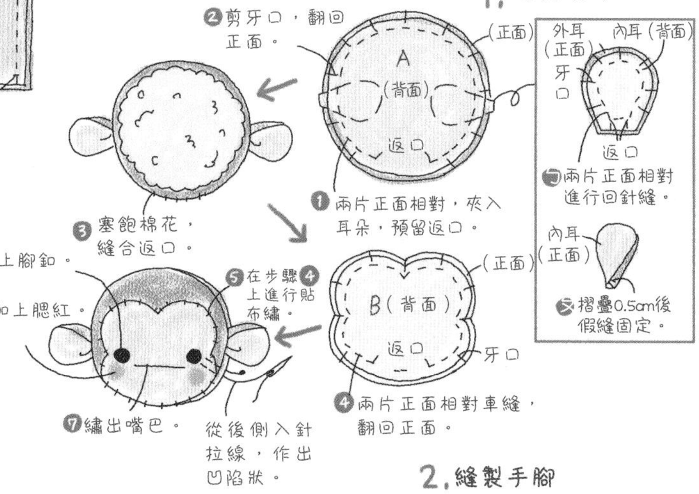

5. 最後整理

2. 縫製手腳

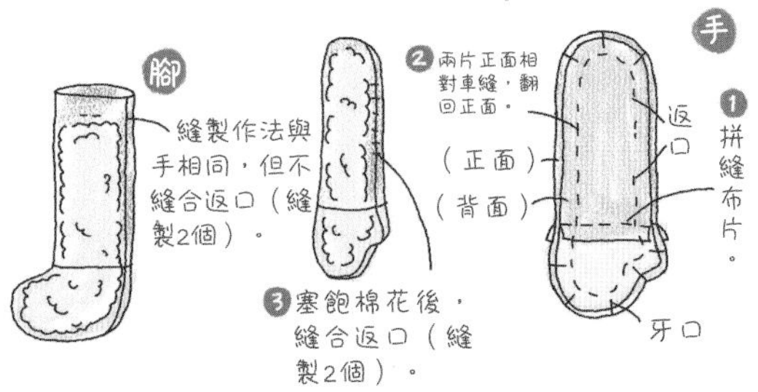

讓趣味小道具，增添更多的生活情趣！

書闔上時，可看見用心加上的書名。或許能當作為女兒的陪嫁品。

我可以自己扣上鈕釦嗎？

✳原寸紙型B面

✳單位cm　✳縫份均為1cm

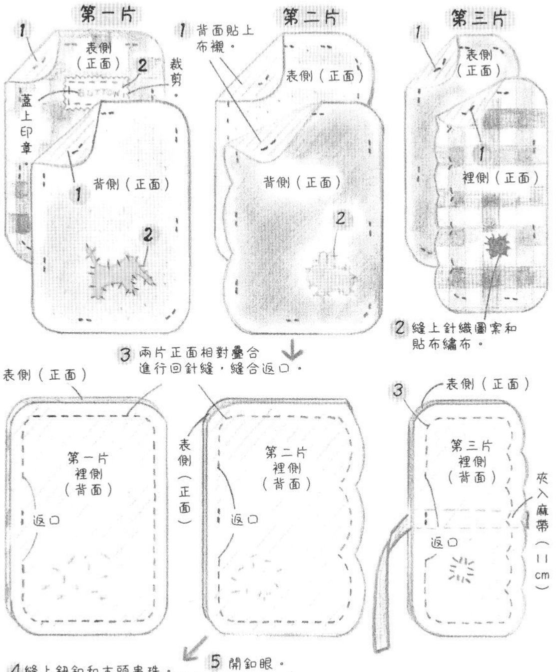

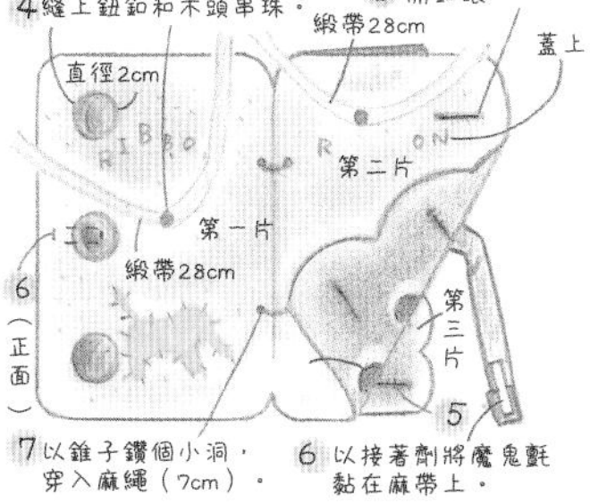

我的第一本學習繪本

神奈川縣／鶴窪真壽美

這一款作品是為三歲的愛女縫製的繪本。我先教她認識鈕釦與蝴蝶結，接著是以貼布繡加上大象和花朵等，只要花點巧思就能增加小寶貝的學習興趣喔！選用大顆的鈕釦，更方便幼兒動手操作。

✳材料　格紋布．駝色素色布．靛藍色素色布各25×20cm、布襯35cm的正方形、貼布繡用布、寬2cm魔鬼氈1cm、寬1cm麻帶、寬0.8cm緞帶60cm、麻繩15cm、直徑2cm的鈕釦3顆、直徑1.2cm的鈕釦6顆、直徑0.6cm的木珠2顆、針織圖案五種

高麗菜和盛裝容器是簡單以不織布裁成的。馬鈴薯沙拉則是棉襯作成的圓球。

剝開海苔，鮮紅的酸梅旋即映入眼簾。這是以魔鬼氈創造出的效果。

美味便當

京都府／森惠美子

小時候玩扮家家酒時，不能缺少的煮飯和吃飯遊戲，真的好有趣，也好令人懷念。既然如此，就作給自己的孩子玩吧！炸蝦和章魚香腸是用不織布縫的，飯糰則是絨毛布作的，每種都有種熱呼呼的感覺，連摸起來都很暖和！

※材料　＜**炸蝦**＞土黃色．紅色不織布（貼片型）、棉襯、＜**飯糰**＞絨毛布20×10cm、魔鬼氈、棉花　＜**章魚香腸**＞粉紅色．淺茶色不織布（貼片型）、25號繡線、棉花

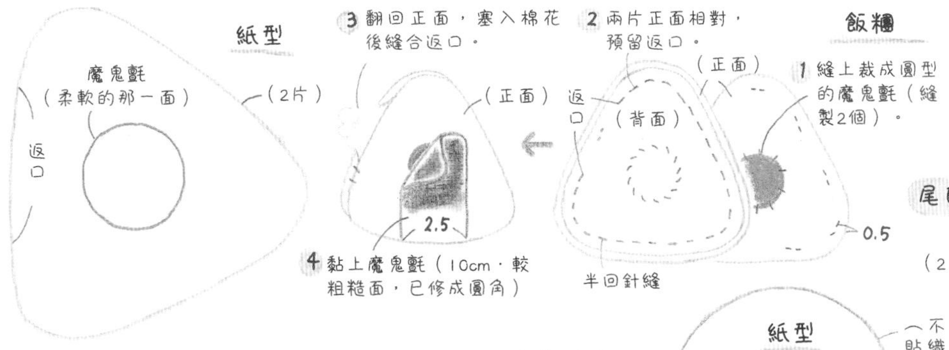

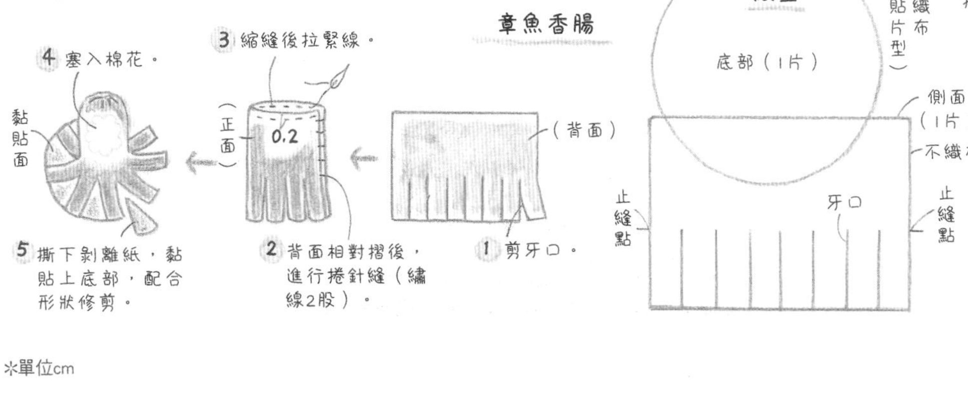

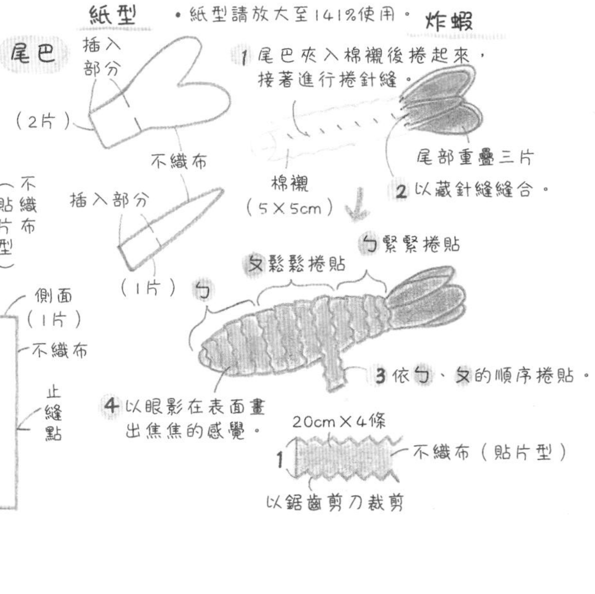

沒有巧手，也作得出的可愛午餐袋！

小兔便當袋

鹿兒島縣／迫口美紀

此款作品是隻耳朵特別長的兔子。放入便當盒後，剛好將長耳朵打個結綁住。這對小朋友來說應該不會太難吧？袋口穿上鬆緊帶，可預防裡面的東西掉出來。媽媽的點子果然還是最棒的！

※材料　粉紅素色布．碎花印花布（裡布用）各45cm的正方形、直徑1.3cm鈕釦2顆、寬0.6cm鬆緊帶25cm、25號繡線（3股）

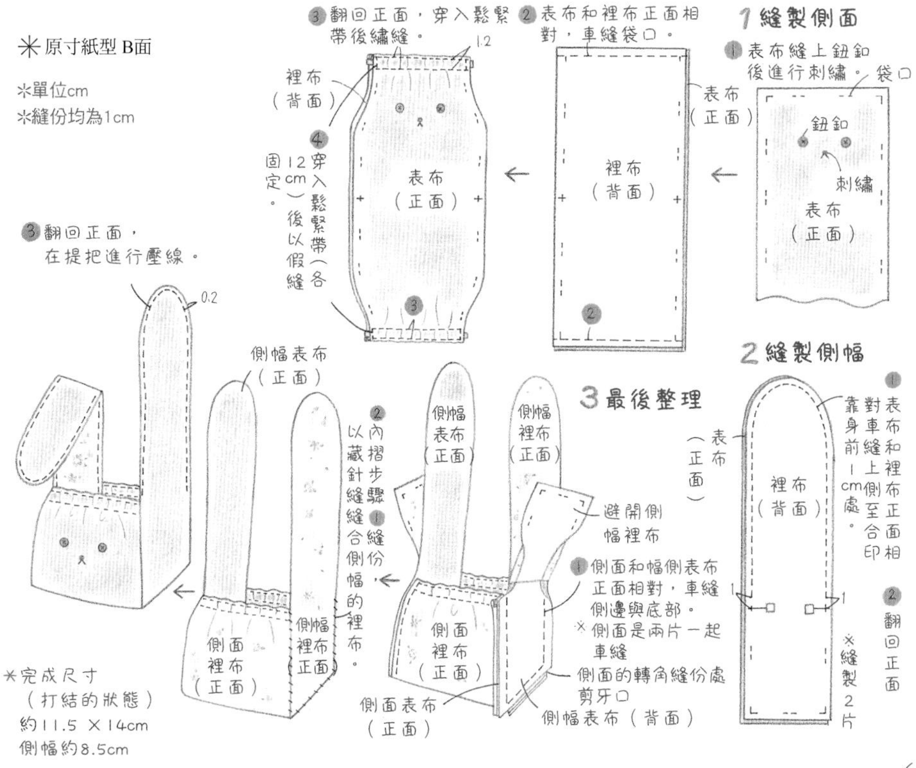

～給想要體驗更多手作樂趣的你～

不管有幾個都不嫌多的寶貝小物

可加以層層疊放。選用厚布縫製會較堅挺。

京都府／茶本滿喜子

數字提籃

1、2、3排排站，只不過籃子大小稍有不同。為了方便不用時的收放，特地作成疊放式。不拘場合使用，造型又可愛，真的很棒！

數字與字母一直是手作重要的裝飾圖案。當覺得作品略嫌乏味，或希望加上屬於自我的私密印記時，可在作品的某一角繡出文字，不但成為搶眼的裝飾，還流露出作者的個人特色。

可從雜誌等尋找喜愛的造型，複印下來當成紙型備用。接下來展示的作品，正是活用數字與字母的例子，更直接就取名為「數字提籃」。

不妨多作幾個這實用又好玩的收納小物，擺放在容易雜亂的起居室、臥室、廚房或小孩房間。

不擅整理的人，可利用這類讓人心情愉快的雜貨收納物品。因為愉快，收納的意願自然也就隨之提高，結果使得居家環境變得乾淨整齊！真是太棒了！

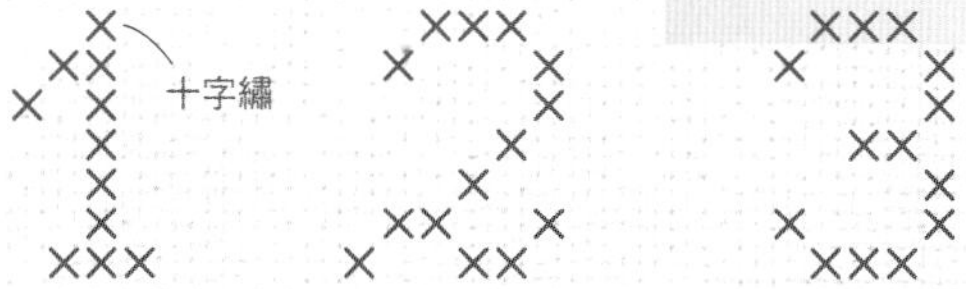
十字繡

✳數字的原寸刺繡圖案

刺繡＝25號繡線2股

✳單位cm　✳縫份均為1cm

1 縫製表袋與裡袋

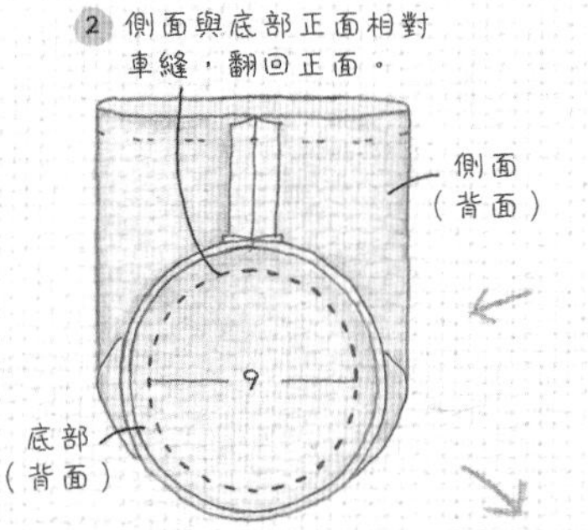
② 側面與底部正面相對車縫，翻回正面。
側面
（背面）
9
底部
（背面）

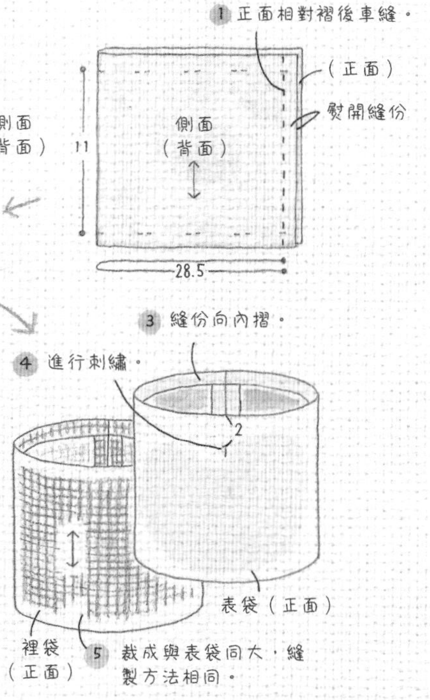
① 正面相對褶後車縫。
（正面）
燙開縫份
側面
（背面）
11
28.5
③ 縫份向內摺。
④ 進行刺繡。
2
1
表袋（正面）
裡袋
（正面）
⑤ 裁成與表袋同大，縫製方法相同。

2 整理

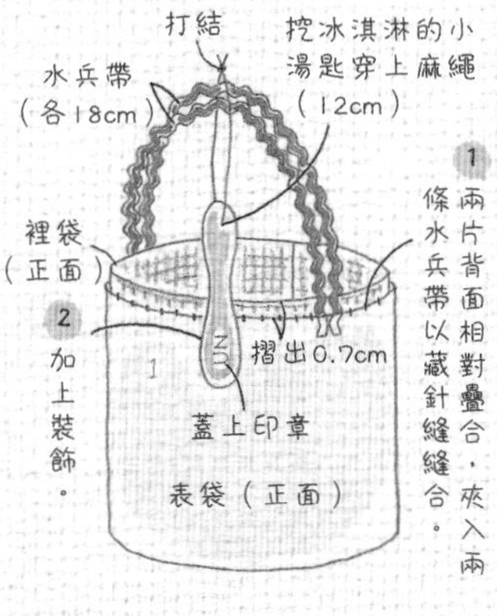
打結
挖冰淇淋的小湯匙穿上麻繩（12cm）
水兵帶（各18cm）
裡袋（正面）
② 加上裝飾。
摺出0.7cm
蓋上印章
表袋（正面）
① 兩片背面相對疊合，夾入兩條水兵帶以藏針縫縫合。

✳材料　**<大尺寸款1個>**厚的白色棉布（表袋用）・紅色格紋布（裡袋用）各35×25cm、寬0.8cm水兵帶40 cm、麻繩、25號繡線、冰淇淋小湯匙

～給想要體驗更多手作樂趣的你～

透過花紋與布料體驗季節感

奈良縣／北谷敦子

春天↓夏天

飛翔於藍天的小鳥布書衣

彷彿是一幅畫耶！沒帶著外出的日子裡，就如照片所示陳列在架上作為裝飾。背景的藍布是天空的顏色，你瞧！又用針線述說了一篇故事。

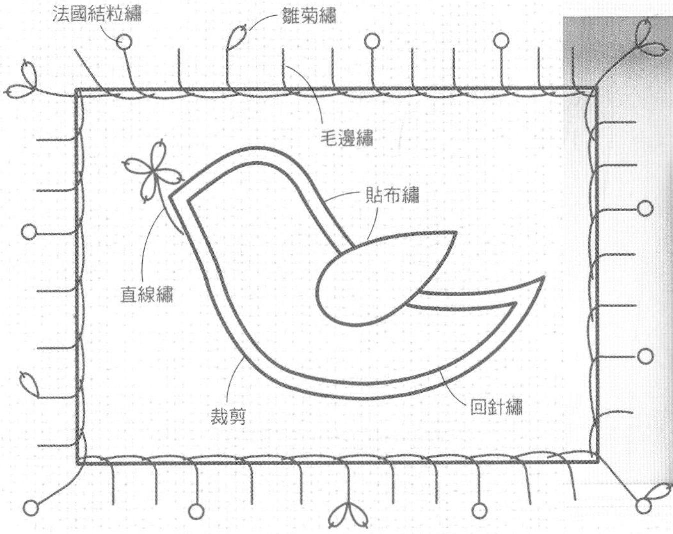

＊小鳥的原寸貼布繡圖案

＊單位cm　＊除標示處外，縫份均為1cm　＊原寸紙型B面

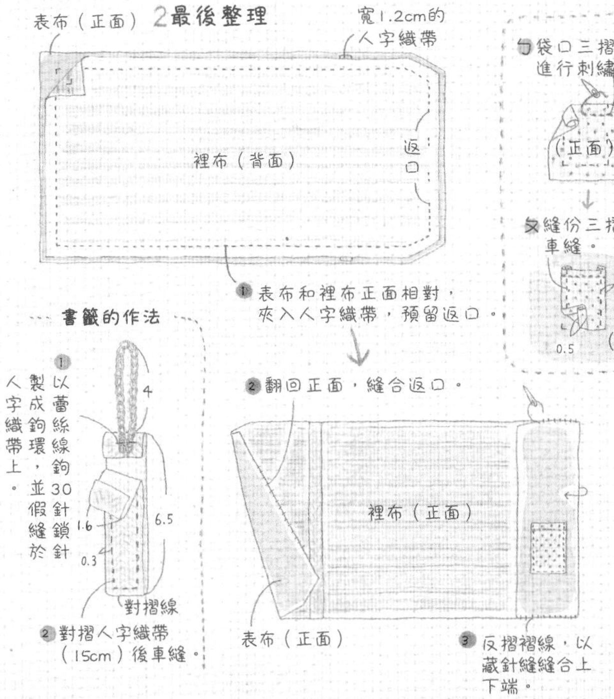

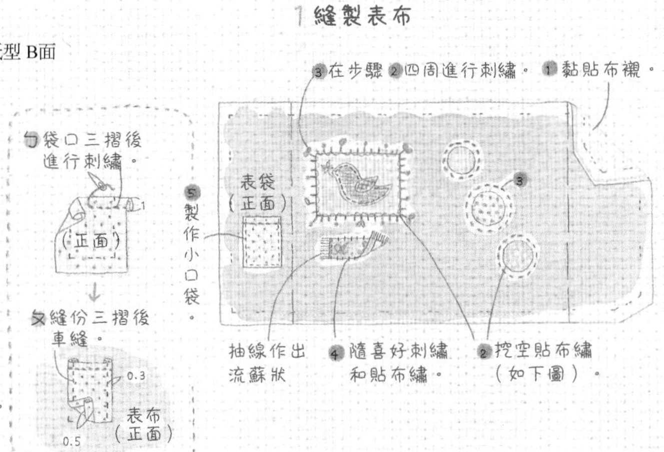

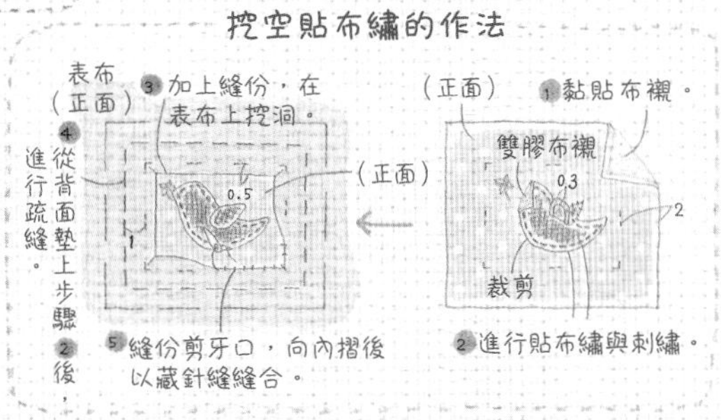

＊材料　水藍色粗棉布．駝色條紋布各20×40cm、口袋．貼布繡用布、布襯40×30cm、雙膠布襯、寬1.6cm的人字織帶．寬1.2cm的人字織帶各20cm、25號繡線、蕾絲線、0號蕾絲鉤針

以人字織帶製的手作書籤，在閱讀時可放進摺口處的小口袋內。

配合季節更換衣服和窗簾被視為理所當然，但雜貨卻不換季，這是為什麼呢？

是因為有許多四季通用的漂亮雜貨嗎？貪心的想要進一步感受四季變化的你，何不試著連同生活雜貨也一併做更替？

以下介紹兩款布書衣。春夏時節可選用前面的小鳥圖案，進入秋冬則改用雪人圖案。雖然功能相同，但兩件作品給人完全不同的印象，非常有趣喔！請想像一下把它放進包包，走在路上的興奮心情吧！

不要覺得困難，需要準備的材料只有碎布而已。只要一有想作的念頭，馬上就能完成！

秋天↓冬天

胖嘟嘟羊毛布的雪人布書衣

雪人腳下堆積的瑞雪是怎麼作的呢？在布的背側疊放白色羊毛，以戳針戳布，羊毛就會出現氈化，表面就會出現白雪喔！

石川縣／玉城京子

※材料　斜紋軟呢絨布（表布・夾書帶）45×30cm、星星圖案（裡布）45×25cm、貼布繡用不織布・羊毛、麻帶25cm、皮製花1朵、8號繡線、極細毛線

※單位cm　※除標示處外，縫份均為1cm

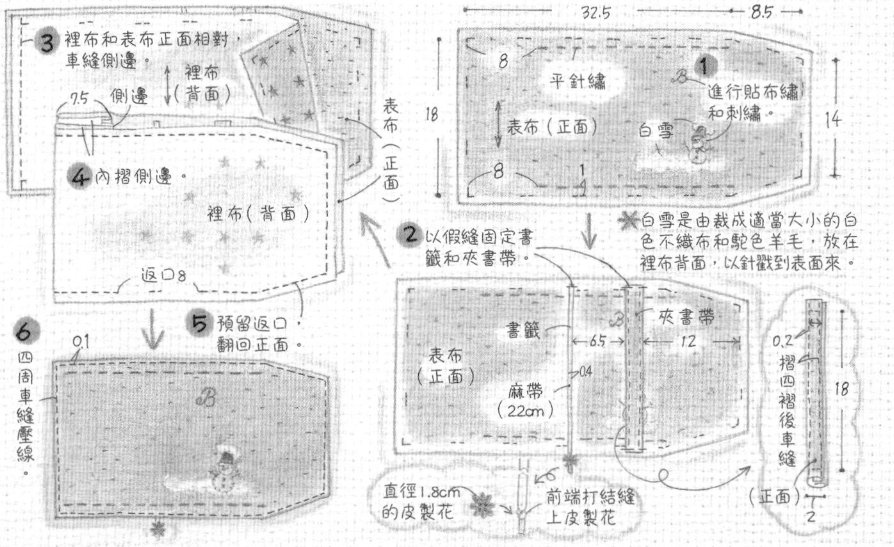

＊貼布繡和刺繡的原寸圖案

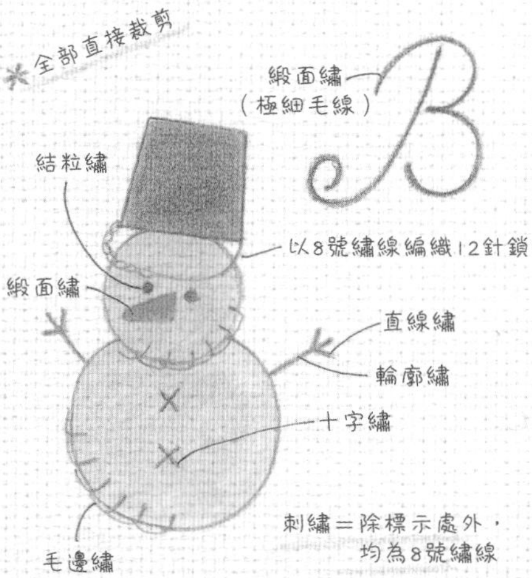

～給想要體驗更多手作樂趣的你～

裁縫從工具入手……手作人應該都有這樣的想法吧！

神奈川縣／高柳雪

喜歡裁縫的人，想必也會愛上裁縫用具吧！一踏進手工藝品店，望著各式各樣並陳的縫線，全部都好想要……發現與家中布置相稱的針插，也會不自主地拿在手上把玩一番……就是這樣情不自禁地迷戀著這些手作小物。

因為這個理由，所以一定要介紹的就是——各種裁縫用品的作法。每一款都是手作人憧憬的自然風格。

總是泰然地靜靜守在一旁，這份內斂感讓人倍覺優雅。如果送給朋友當禮物，說不定可以加強信心，維繫手作情誼。

作完針插和剪刀套後，接下來也許想要挑戰裁縫盒。不要覺得很難，一定要親手試看看！

※材料　拼布用布三種、麻繩、25號繡線（2股）

✳原寸紙型 B面

※縫份均為0.5cm

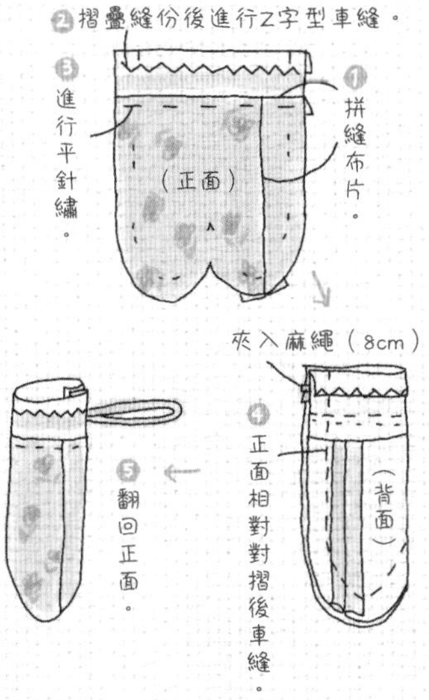

剪刀套

其實是一個好小好小的袋子，
只用一片碎布就可以縫喔！
既然是自己熱愛的東西，
當然不能任意妥協，
建議你試著以三片碎布拼縫，
就能作出尾端尖而有型的布套。

圓滾滾的編籃針插

取麻繩以短針鉤打成底座，上層是拼布。將緞帶般的小碎布拼成圓形，關鍵步驟則在於——內部塞入棉花，正確說應該是把棉花「塞得飽飽的」，一點也不鬆喔！

附提把的針插

色調內斂的布，感覺很棒！但輕柔內斂的布紋，一不小心極可能喪失存在感……所以特別加上經典款花紋和素材。例如顯眼的條紋，或上層具質感的鬆餅布。

愛知縣／坂本香織

※材料　橫條羅紋針織布（側面・底部用）30×10cm、灰色鬆餅布（上層用）10cm的正方形、花朵繡紋布（滾邊用）20×5cm、寬1cm麻帶、麻繩、棉花

※原寸紙型B面

※單位cm　※除標示處外，縫份均為0.7cm

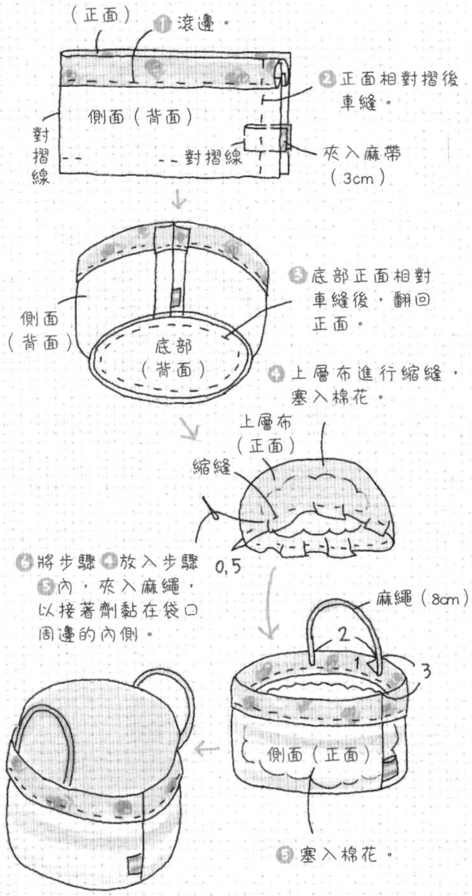

※材料　拼布・貼布繡用布、碎布、寬1.2cm麻帶5cm、25號繡線、麻繩、8/0號鉤針、棉花

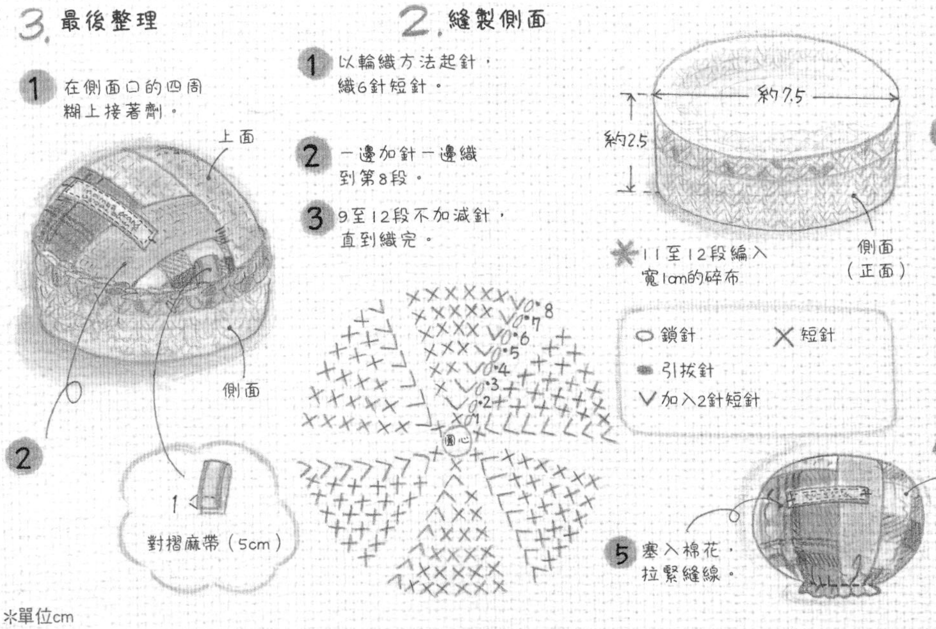

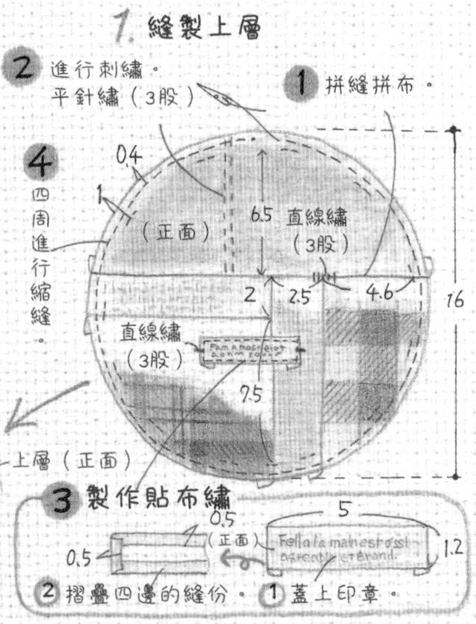

※單位cm

練好這些基本功，一切就沒問題！

手縫基本功

手縫的重點技巧

不同於緊實、整齊的車縫，手縫時只要有一個地方綻開，就很容易影響到整體的效果。而想要縫得牢固，「開頭」十分重要喔！

確實做好始縫動作

千萬別將縫線在始縫時直接穿過布，而是讓針在同一處穿縫兩次，堅固的縫合。

1 以針尖在布上挑針後拉線。

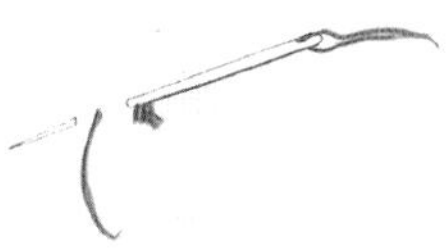

2 針回到最初入針處，重複一次先前的動作。之後就可以正常往下縫。

線長以手肘下15cm為佳

正如日本諺語「笨拙的長線」這句話所言，線太長反而不好縫，線長應以能俐落動作為準。

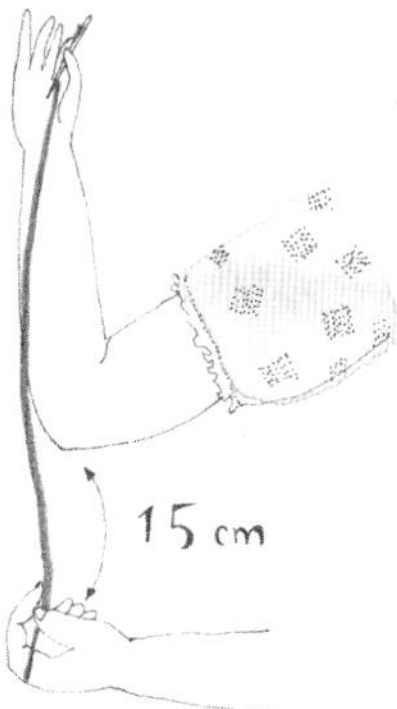

斜剪線端，穿入針孔，接著決定線長。如圖，最佳長度大約在手肘以下15cm。一般使用1股線就夠了，若要求堅固可用2股線。

終縫結一樣不可馬虎

終縫和始縫時相同，線穿過兩次。要養成習慣喔！

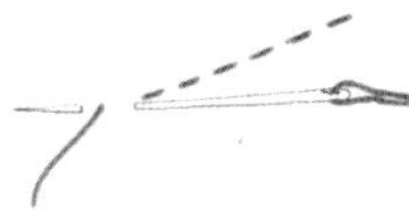

1 止縫處，入針再回縫一次。重複縫才能縫得牢。

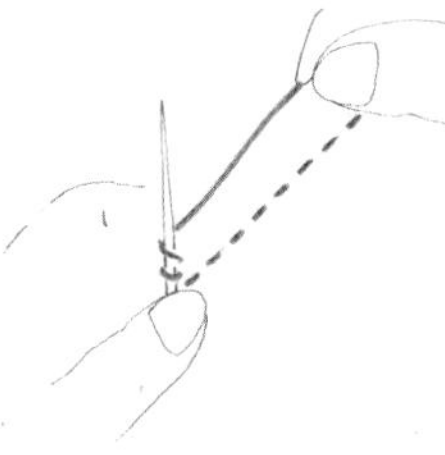

2 線繞針，向下按壓後拔出針，打個終縫結。

打個漂亮的始縫結

在縫製以前，要先在線端打個始縫結，以防縫線鬆開。請注意，結打太大也不好看。

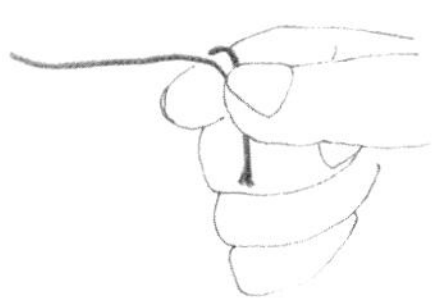

1 首先轉線端，在食指纏繞一圈。

2 將纏繞的線慢慢推向指腹，作成圈狀後將圈縮小打結。

原寸紙型的用法

本書附有作品的原寸紙型。
找到中意的作品後，可剪下使用，非常好用喔！

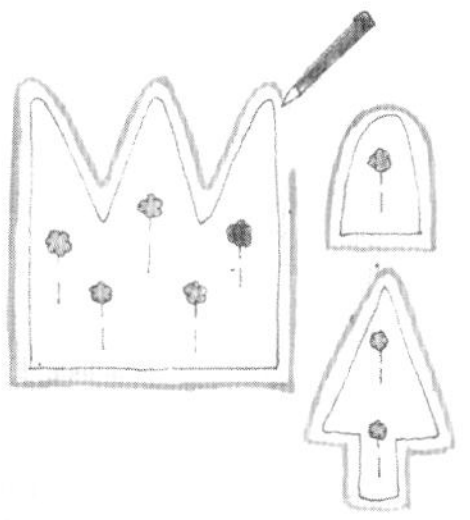

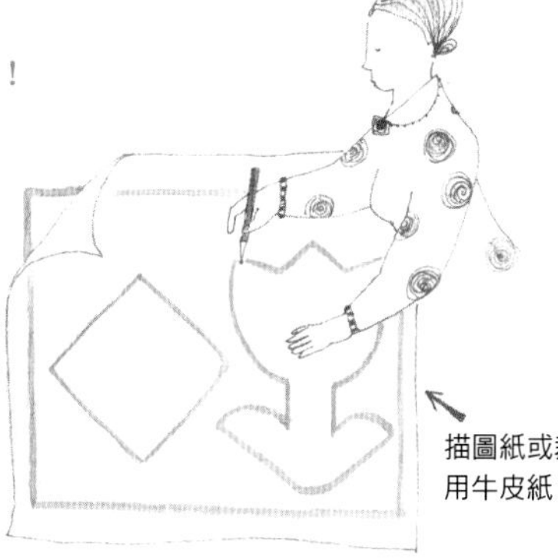

描圖紙或裁縫用牛皮紙

紙型加上縫份後再裁布

將作好的紙型以珠針固定在布上。紙型上若有箭號，代表布紋線。箭號與布的縱向平行對齊後放上紙型，以粉土筆就紙型的輪廓線（縫線）和縫份做記號。縫份約為0.7cm。

影印或用薄紙描圖

若直接剪下紙型，日後就無法再應用於其他作品，建議用描圖紙或裁縫用牛皮紙（可在文具用品店購買）將圖描下後再利用。若嫌麻煩，也可影印所需部分。

隨身必備工具

裁縫箱內的必要工具，其實並不多，大多是上家政課就用到且耳熟能詳的。請重新將手邊的工具查點一遍吧！

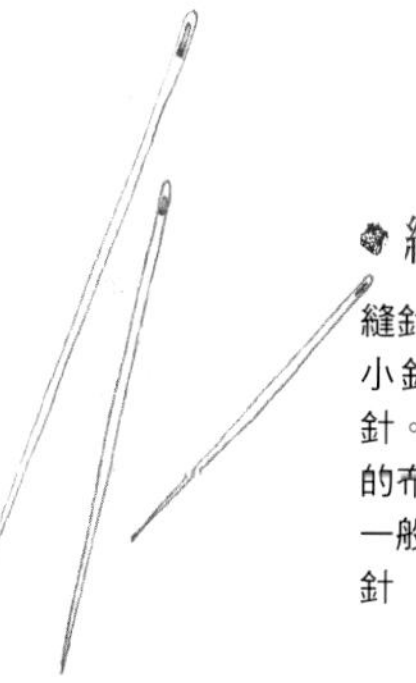

縫針

縫針有數字編號，數字越小針越粗。厚布適用粗針。希望針趾小或用較薄的布料時，宜選擇細針。一般棉布適用7、8號的縫針

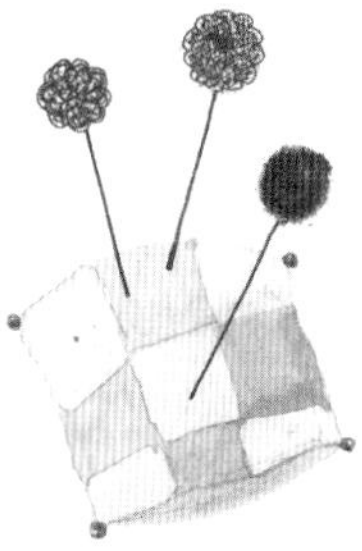

珠針

由於針頂的部分有各種顏色和形狀，使得收集珠針也成為一項樂趣。扁平造型的可直接以熨斗熨燙，十分方便。

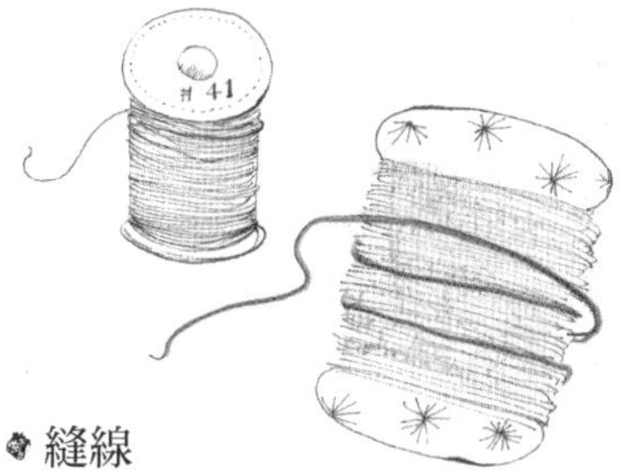

縫線

纏在紙板上的是手縫線。在一般棉布中，較好縫製的是聚酯纖維製的50號。纏在線軸上的是車縫線。

剪線剪刀

用於剪斷手縫線。請挑選前端刀刃銳利的。久用後會逐漸失去彈力造成打不開的情形，檢查一下現有的剪線剪刀還能不能用。

裁布剪刀

有一把布用（洋裁用）剪刀，即使面對比想像更為費力的裁剪作業，也能輕鬆製作。請勿拿來剪其他物品，以免刀面鈍掉。

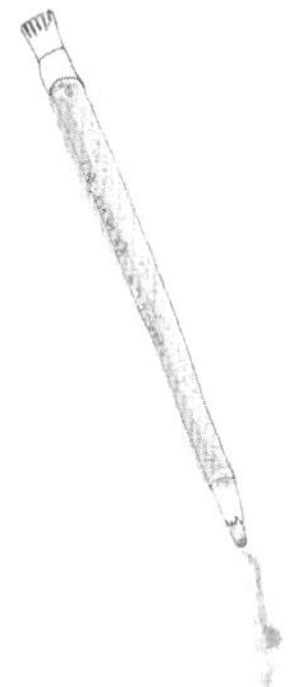

粉土筆

用於在布上複寫縫線或縫份。線條遇水即消掉。另有製成複寫紙式和粉土式的類型。最好兩種都準備。

遇上這些麻煩，怎麼辦？

試著舉出在拼縫碎布時常會碰到的困擾，並提供解決對策。

縫到一半，但線沒了

將快用完的線先打上一次終縫結（紅線），新線（黃綠色）穿入針孔後，自前面一些的位置開始縫。 不但能縫得牢，布也不會因終縫結重疊而鼓起。

線太短無法打終縫結

在接近終縫點時發現線太短無法打結，此時請將線（紅線）拉出針外，然後在布紋的位置將新線（黃綠色）與原來的線打結（平結）連起來，新線則穿針繼續往下縫。

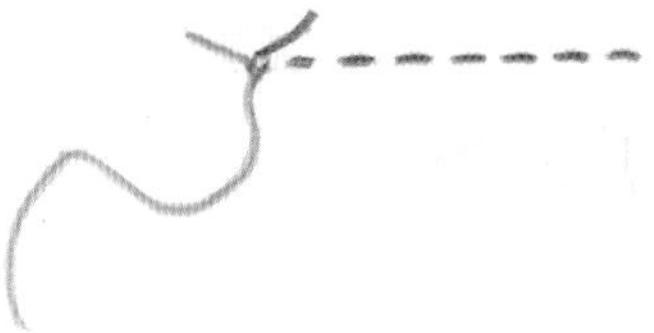

針趾不美時

有時縫一縫，才發現布料擠壓在一起，若放著不管，布可能會歪斜或縮縐。解決之道是用指腹在針趾上搓揉，將布逐漸撫平。請勤加練習至養成習慣。

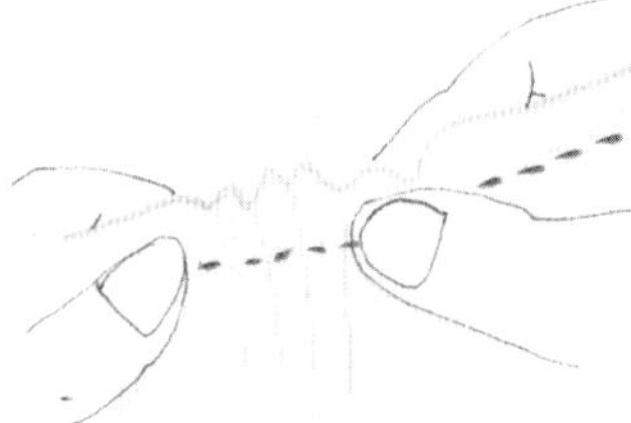

四種基礎的手縫針法

此處所介紹的是十分常用的針法。
一旦學會後，便足以應對大部分的作品，成為手縫高手。

全回針縫

縫針在同一處都縫兩次的方法，效果會很牢固。另一種在一半的距離回頭縫的針法，稱為半回針縫。

1
從一針趾的距離開始出針後，縫針往回穿入，在寬度約兩針趾處出針。

2
重複步驟①慢慢前進，就能縫出如車縫（如右圖）般的效果。

平針縫

熟悉的平針縫是裁縫的基本，也是拼布的針法。若針趾變小，就變成所謂的「上下平針縫」，適用於在布上抓出縐褶時使用。

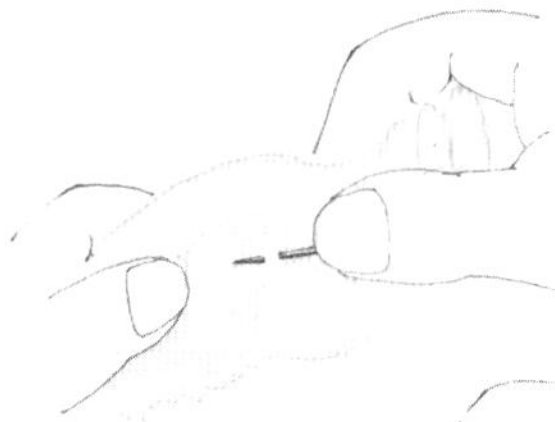

1
縫針在布上下穿梭前進。此時，握布的左手若隨著上下動，縫起來將更加順暢。

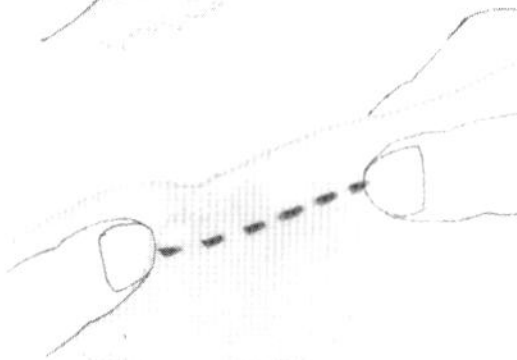

2
縫畢後檢查一下針趾排得直不直和有否鬆脫。若沒問題，進行一針回針縫後打上終縫結。

捲針縫

用於縫接填充玩偶的各個部位，或修補線綻開的針趾。因為線是順著布的縱向捲縫，所以可以縫得很牢固。

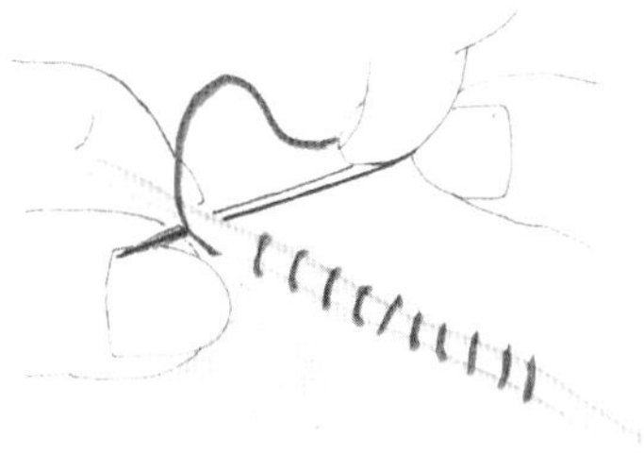

像是要將兩片面對面的布捲進去般，針斜斜地前進。線拉太緊，布會擰在一起，請多留意。

藏針縫

用於在布料四周加上滾邊時。從表側只能見到如點狀的線，十分整齊。裙子的下襬也可用藏針縫。愛手作的你務必熟練這種縫法喔！

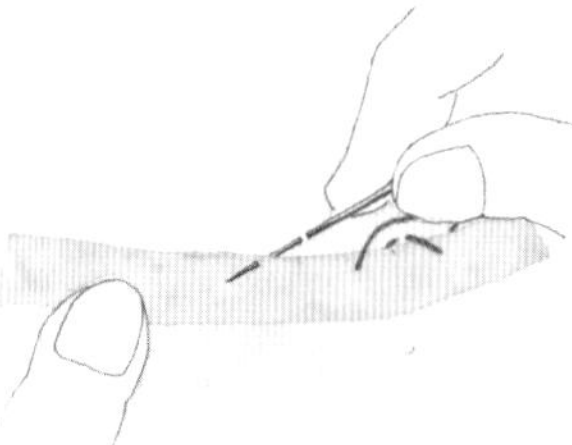

1
自上方的表布（對側的布）挑一針，再由縫份端（靠身前側）出針。重複 此步驟。

2
從正面看完成的模樣。幾乎看不到針趾。

可提升收尾效果的技巧

這些好用的作法不僅適用於本書的作品，還能應用於各式各樣的手作物品上喔！

滾邊處理

例如為隔熱手套的邊緣，或包包的袋口處加上滾邊。以45度斜裁的伸縮布料（斜裁布）包裹布端收尾的方法。滾邊布可與本體同一塊布，或是選用其他布料，兼具重點裝飾效果。

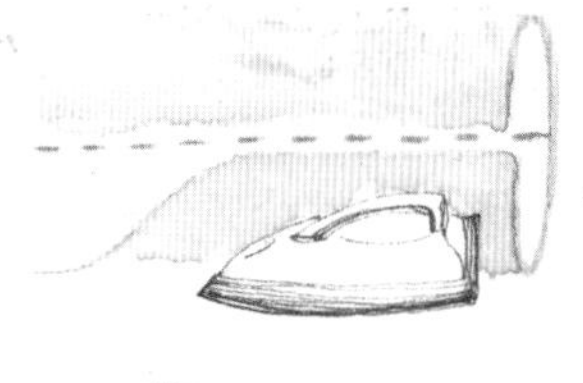

1
將帶狀滾邊布的兩端摺向中心，以熨斗熨燙。布寬一般摺後尺寸約為寬2至2.5cm。也可使用市售的滾邊布帶。

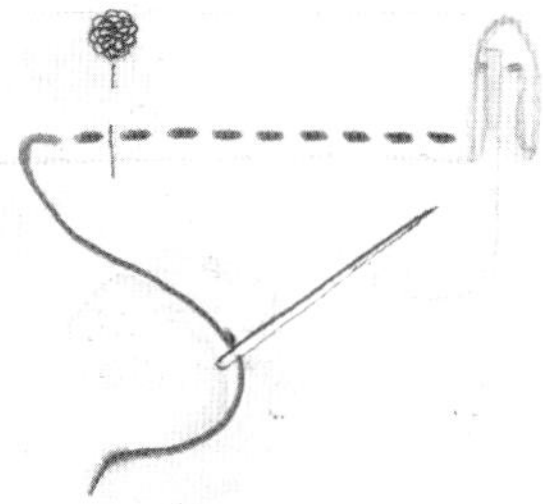

2
以滾邊布帶包住布端車縫固定。可如圖車縫或以藏針縫縫合。

繡縫

以貼布繡縫上圖案，或是在碎布四個角，以紅或黑等顏色鮮明的繡線加上飾縫，都會令作品格外搶眼。如鎖鏈繡和輪廓繡，都具有裝飾效果。

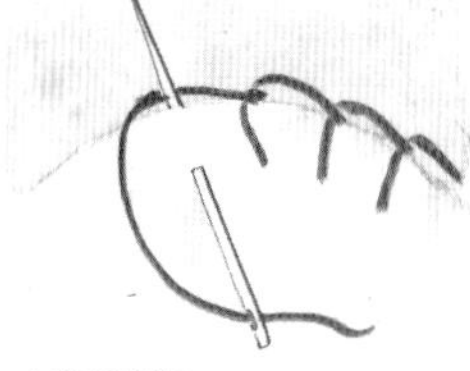

<毛邊繡>

常見於毛布邊緣的繡法。在貼布繡的布緣加上毛邊繡，可提升輪廓的立體感。

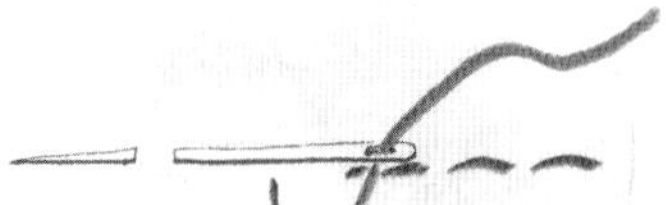

<平針繡>

裝飾性的平針縫，讓每針的針趾成為表面裝飾。

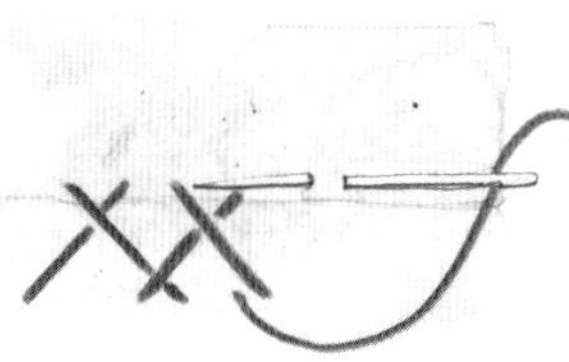

<千鳥繡>

交疊的×印，散發可愛又天真的氣息。如果線在中間交叉就是十字繡。

國家圖書館出版品預行編目資料

10cm零碼布就能作的1小時布雜貨
-- 初版. -- 臺北縣板橋市：雅書堂文化館, 2010.08
面； 公分. -- (Cotton time特集 ;01)

ISBN 978-986-6277-34-4(平裝)

1. 手工藝
426.7 99013991

【Cotton time特集】01

10cm零碼布就能作的1小時布雜貨

作　　者／主婦與生活社
譯　　者／瞿中蓮
總 編 輯／蔡麗玲
執行編輯／方嘉鈴
編　　輯／蔡竺玲・林陳萍・吳怡萱
封面設計／林佩樺
內頁排版／造極
出 版 者／雅書堂
發 行 者／雅書堂文化事業有限公司
郵撥帳號／18225950　戶名：雅書堂文化事業有限公司
地　　址／台北縣板橋市板新路206號3樓
電　　話／（02）8952-4078
傳　　真／（02）8952-4084
網　　址／www.elegantbooks.com.tw
電子郵件／elegant.books@msa.hinet.net

HAGIRE 10cm KARA HAJIMERU 1JIKAN ZAKKA

Original published in Japan in 2009 by SHUFU TO SEIKATSUSHA CO., LTD.
Chinese translation rights arranged through TOHAN CORPORATION, TOKYO.,and Keio Cultural Enterprise Co., Ltd.

總 經 銷 ／朝日文化事業有限公司
進退貨地址／235台北縣中和市橋安街15巷1號7樓
電　　話／Tel：02-2249-7714
傳　　真／Fax：02-2249-8715
2010年08月初版 定價／380元

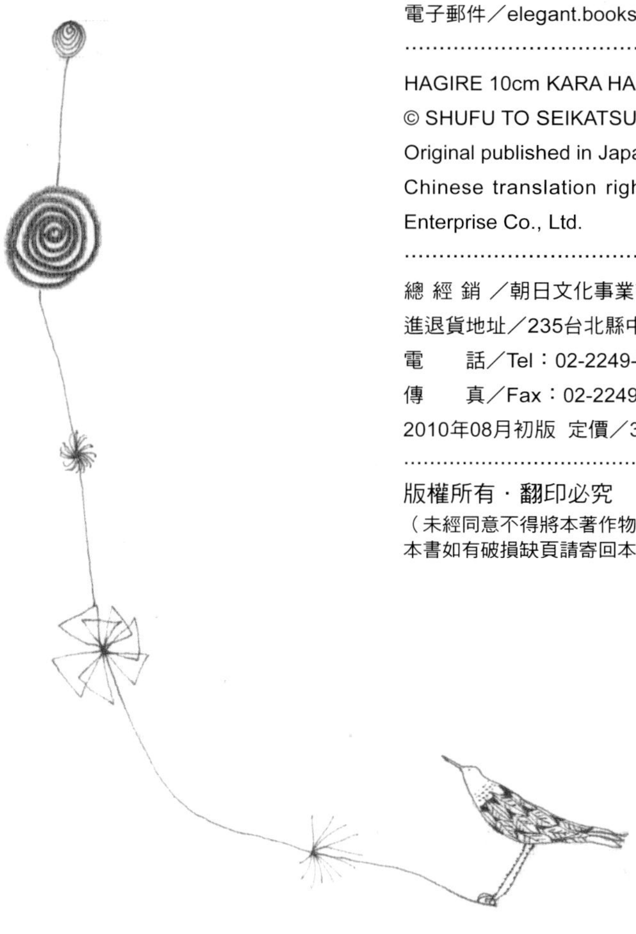